Der Außerirdische ist auch nur ein Mensch

HARALD LESCH

Der Außerirdische ist auch nur ein Mensch

Unerhört wissenschaftliche Erklärungen

Bassermann

ISBN 978-3-8094-4362-9

1. Auflage
Genehmigte Sonderausgabe

Projektleitung dieser Ausgabe: Martha Sprenger
Mitarbeit: Heike Gronemeier
Umschlaggestaltung: Atelier Versen, Bad Aibling
Satz: Buch-Werkstatt GmbH, Bad Aibling
Herstellung: Timo Wenda

Penguin Random House Verlagsgruppe FSC® N001967

Druck und Bindung: GGP Media GmbH, Pößneck

Printed in Germany

130003820210

I.

Es müsste einen Nobelpreis für Humor geben.
Auf Physiker, Chemiker und Wirtschafts-
wissenschaftler kann man zur Not verzichten,
und Frieden haben wir sowieso nicht allzu viel;
doch Humor ist unverzichtbar.

II.

Gegen Einreichung eines formlosen Antrags kann
die Lektüre dieses Buches erlassen werden.

Harald Lesch, geboren 1960 in Gießen, ist Professor für Astrophysik an der Universität München und lehrt Naturphilosophie an der Hochschule für Philosophie (SJ) in München. Er ist Fan von Goethe und Star Trek und moderiert die ZDF-Sendung »Leschs Kosmos«. Für seine Wissensvermittlung wurde er vielfach ausgezeichnet, u.a. von der Deutschen Forschungsgemeinschaft und der Deutschen Physikalischen Gesellschaft.

Darf man über die Wissenschaft lachen?

Anstelle eines Vorworts

Haben Sie schon einmal versucht, sich selbst auf den Arm zu nehmen? Nein? Sie meinen, das geht gar nicht? Auch nicht mit ausgefeilter Atemtechnik? Ich sage Ihnen, es geht! Man kann sogar nicht nur sich selbst auf den Arm nehmen, sondern in den Armen auch noch etwas halten. Die Wissenschaft zum Beispiel.

Das einzig Hinderliche sind dabei diejenigen, die ihrerseits auch etwas in ihren Armen tragen. Die Bedenkenträger. Im Sinne von: Darf man über die Wissenschaft lachen? Eigentlich nicht. Das ist normalerweise eine bierernste Sache. Aber manchmal muss man einfach, und sei es nur aus Hilflosigkeit. Da lacht man ja gerne mal, so als Übersprungshandlung. Und als Nichtfachmann oder Nichtfachfrau kann man wissenschaftlichen Erkenntnissen schon mal hilflos gegenüberstehen. Da reicht kein Überspringen mehr, da laufen die meisten gleich weg.

Doch Herrschaften, möchte ich ihnen zurufen, haltet ein! Es gibt ein einfaches Hilfsmittel, sich dem Unanschaulichen, Unerklärlichen selbstbewusst zu stellen – den Humor. Sich intelligent über Wissenschaft lustig zu machen, die komplexen Zusammenhänge moderner

Wissenschaft so auf ein menschliches Maß zu bringen, das ist die Methode des liebevollen Humors. Einen Witz über etwas zu machen, hat schließlich auch damit zu tun, dass man etwas liebt. Man ist ja hier nicht als Zyniker unterwegs, sondern *con amore.*

Humor ist zutiefst human, er ist *der* menschliche Faktor in einer von Objektivität geprägten Welt wissenschaftlicher Erkenntnisse. Zugleich ist Humor inzwischen sogar selbst zum wissenschaftlichen Gegenstand geworden – und das ist an sich schon ein Grund zum Brüllen. Wenn ich lache, will ich doch nicht wissen, warum! Dann lache ich einfach. Punkt. Aber die Wissenschaft findet natürlich mal wieder keinen Punkt, dafür ist sie ja bekannt, und nahm kürzlich auch das Lachen unter die Lupe, genauer: unterzog es der funktionellen Magnetresonanztomographie. Und siehe da: Humor aktiviert den gleichen Hirnbereich wie Kokain und Geld. Es muss also nicht immer Koks sein, ein guter Comic tut es auch. Das ist nicht nur günstiger, sondern auch weniger schädlich.

Und jetzt kann die Wissenschaft von sich behaupten, die technischen Daten des Humors ganz genau zu kennen. Das eigentliche Geheimnis des Humors liegt im *Nucleus accumbens.* In einem Versuch legte man 16 Probanden lustige oder neutrale Comics vor und überwachte dabei die Aktivität verschiedener Gehirnareale. Die Gehirnregion mit dem unaussprechlichen Namen hat eindeutig am stärksten auf die witzigen Comics reagiert. Sie wird bei einem herzhaften Lachen mit dem Botenstoff Dopamin überschüttet, der emotionale Reaktionen steuert, sodass sich bei uns nach einem guten Witz ein gewisses Belohnungsgefühl, ja manchmal sogar Euphorie einstellt.

Humor scheint also sehr angenehm für unseren im Kopf angelegten Erkenntnisapparat zu sein. Und mehr noch: Je mehr Humor wir besitzen, desto gelassener reagieren wir und desto weniger schädigt Stress unsere Gesundheit. Schon der Dichter Joachim Ringelnatz brachte die segensreichen Wirkungen von Humor und Lachen auf den Punkt: Nichts verbindet mehr als gemeinsames Lachen. Humor ist sozusagen der Knopf, der verhindert, dass uns der Kragen platzt.

In der Antike wurde der Begriff Humor allerdings noch ganz anders gebraucht als heute. Das lateinische Wort *(h)umor* bedeutet »Feuchtigkeit« und »Saft« und bezog sich auf das richtige Verhältnis der Körpersäfte im menschlichen Organismus. Zwar verlor das Wort im Laufe der Geschichte seine medizinische Bedeutung, aber es gibt immer noch Sprichwörter, die daran erinnern, dass Lachen mit Körpersäften zusammenhängt. Warum sonst wird ein Mensch, der nicht lacht, sondern sich ärgert, sauer? Vielleicht, weil ihm mit zu viel Ernst die Galle überläuft? Man weiß es nicht so genau. Der Psychologe Freud jedenfalls vermutete, dass der Mensch lache, um innere seelische Spannungen abzubauen. Andere wiederum sind der Meinung, das Lachen habe zumindest als unbewusste Form der menschlichen Kommunikation zu gelten. Je nach Kultur überspielt das Lachen die eigene Scham, vermeidet Konflikte oder überwindet Angst. Aber trotz aller Verschiedenheiten: Überall auf der Welt treten die Leute durch Lachen miteinander in Beziehung und bauen Vertrauen auf.

Wie wirkt das Lachen? Beim Lachen werden Muskeln vom Gesicht bis hinunter zum Bauch betätigt. Atmung und Kreislauf werden aktiv, das Gehirn wird mit mehr Sauerstoff versorgt, Arterien entspannen sich und das Immunsystem wird angeregt. Humor wirkt entspannend, Humor ist, wenn man trotzdem lacht. Ob einer Humor hat oder nicht, das zeigt sich dann, wenn ihm das Lachen vergangen ist. Der Witzbold verdrängt, der Humorist verarbeitet. Vor allem in schwierigen Lebenssituationen hilft Humor, Abstand zu gewinnen und vor allen Dingen die eigene Person mit Distanz zu sehen. Damit erleichtert Humor schwere Aufgaben und hilft gerade in Krisen. Humor ist quasi das Immunsystem des Geistes. Ihm auch endlich einen gebührenden Platz bei der Verbreitung wissenschaftlicher Erkenntnisse zu geben, das ist das Ziel dieses Buches. Es soll Sie entspannen, etwas schlauer machen und ein wenig zum Schmunzeln bringen. Wenn Sie mögen, können Sie natürlich auch laut losgackern. Muss aber nicht sein. Ich jedenfalls hatte meinen Spaß dabei …

Do Androids sleep with Electric Sheep?

Sex mit Außerirdischen

Sollte man Sex mit einem außerirdischen Lebewesen haben?

Das ist eine Frage, die sich vorderhand erst einmal nicht stellt. Weil der Außerirdische entweder bei drei wieder in seinem Raumschiff ist, sich sowieso andauernd verfliegt (siehe Seite 144) und Sie in der Wüste warten können, bis Sie alt und grau sind. Und dann will Sie vielleicht kein Außerirdischer mehr haben. Oder Sie wollen ihn oder sie nicht haben, weil Ihnen die Farbe nicht gefällt. Dieses Blassgrün. Aber da können die eigentlich nichts dafür. Wie würden Sie sich denn fühlen, wenn Sie jahrelang mit einer drehenden Scheibe durchs All gebraust wären? Wir wissen doch vom Kettenkarussell, wie es einem dabei gehen kann.

Wahrscheinlichkeit hin oder her: Da in Science-Fiction-Geschichten diese Sache immer wieder angesprochen wird, muss das an dieser Stelle einmal thematisiert werden. Aber ist das so einfach möglich, dass sich Organismen von einem Planeten mit Organismen eines anderen Planeten paaren? Also irgendwie. Das muss ja nicht so sein, wie wir Menschen das machen, das kann ja irgendwie sein.

Nun, ich würde davor warnen.

Wir reden ja schon auf unserem Planeten von Safer Sex, da kann man sich Sachen holen, die schnell zu einer Katastrophe werden können. Ganz sicher ist aber, dass Sex mit einem Außerirdischen zu einer Ultrakatastrophe führen könnte. Denn die Viren und Bakterien von einem anderen Planeten, die werden sicherlich ganz anders funktionieren als die Viren und Bakterien, die wir kennen und an die wir angepasst sind. Sofern sie nicht – wie in jüngster Zeit von einigen Aluhüten und Verschwörungstheoretikern gemutmaßt wird – aus einem von Bill Gates und anderen nach der Weltherrschaft strebenden Großkapitalisten finanzierten Labor stammen. Ich meine, Hallo? Glauben wir ernsthaft, diese Leute hocken irgendwo in einem Keller, trinken dabei Kinderblut, um schön jung zu bleiben, und rühren irgendwelche Virencocktails zusammen, um die Menschheit zu unterjochen? Wer so was glaubt, der wird vielleicht auch der Äußerung einer Wuppertaler Yogalehrerin, sie hätte den besten Sex ihres Lebens mit einem Pegasianer gehabt, Glauben schenken. Also ich finde ja, solche Äußerungen sind mit großer Vorsicht zu genießen. In vielerlei Hinsicht ... Wenn man sich da schon drauf einlassen will, sollte man zumindest versuchen, sich zu schützen, vor all dem, was der blassgrüne Adonis da so mit sich bringen mag. Sonst kann das schnell in eine Katastrophe münden.

Wir wissen außerdem gar nicht, wie die Libido eines

Außerirdischen so ist. Was uns da eigentlich erwartet. Im Zweifel warne ich grundsätzlich davor, mit Außerirdischen zu nah in Kontakt zu kommen. Die sind ja auch meistens schlecht gelaunt. Im Universum ist nichts los, immer sieht man die gleichen Gesichter, das hängt einem irgendwann zum Hals heraus. Wenn die Außerirdischen mit hoher Geschwindigkeit zu uns geflogen sind, dann steht fest: Die haben keine Heimat mehr. Denn zu Hause bei ihnen auf dem Planeten sind vielleicht ein paar tausend Jahre vergangen, da kennt sie keiner mehr. Die haben keine Freunde mehr, sie können also vor niemandem mit ihren Erlebnissen angeben, der sie noch kennt.

Deswegen sollte man vorsichtig sein, Außerirdische nicht ansprechen, freundlich sein. Aber auf keinen Fall irgendetwas von denen annehmen und, unter uns gesagt, auf gar keinen Fall Sex mit ihnen!

Jenseits des normalen Irrsinns

Katastrophe

Ich weiß jetzt leider nicht, wie die Geschichte mit der Wuppertaler Yogalehrerin und dem flotten Pegasianer ausgegangen ist. Muss man einen von ihnen bedauern? Den Pegasianer vielleicht? Der wusste ja auch nicht, auf was er sich da eingelassen hat. Yoga! So was kennt der doch gar nicht. Und wir können uns ja alle bildlich vorstellen, auf welche Verrenkungen der sich da so einstellen musste. Nee, nee, das kann sich für den ganz schnell zu einer Katastrophe ausgewachsen haben, auch wenn er keine Ahnung hat, was wir Menschen damit meinen, wenn wir uns die Haare raufen und rufen: Katastrophe! Der denkt vielleicht, die macht sich gerade die Haare schön, weil man das heute so trägt in Wuppertal. Aber ich schweife ab.

Eine Katastrophe ist gemeinhin etwas, das schlimmer ist als der Normalfall. Also, im Normalfall passiert ja auch schon immer etwas, hier und da so ein kleines Unglück. Sie wissen schon: Frühstücksei auf der frischen Krawatte, bei unpassender Gelegenheit aufgedonnert, Bananenschale übersehen …

Aber eine Katastrophe, das ist nicht nur ein etwas größeres Unglück, sondern das ist eine Riesen… ja eben: eine Riesenkatastrophe. Also wenn richtig viel kaputtgeht und wenn sehr viele Leute davon betroffen sind, dann spricht man von einer Katastrophe.

So was geht ja weit über Sie und Ihr Problem mit der Bananenschale hinaus; es sein denn, Sie reißen im Fallen gleich noch den Marktstand, an dem Sie sich festhalten wollten, und den Gemüsehändler und mindestens fünf weitere Kunden mit zu Boden. Und die herumkullernden Melonen verursachen auf der Straße eine Massenkarambolage.

Aber eine richtige Katastrophe wäre das wohl immer noch nicht, auch wenn es Ihnen vermutlich so vorkommt, wie Sie da auf dem Rücken liegen und den Himmel nicht mehr sehen können vor lauter Gemüse und Obst und schimpfenden Marktfrauen, die sich den Tag sicher auch anders vorgestellt haben.

Eine richtige Katastrophe – muss ich Ihnen das jetzt wirklich erklären? Wie das ist, wenn irgendwo eine Riesenwelle über einen Strand läuft und es waren ein paar tausend Menschen auf dem Strand, also vor der Welle, und die sind dann weg? *Das* ist eine Katastrophe.

Oder Umweltkatastrophen. Wenn ein ganzer Industriekomplex plötzlich explodiert und sich Dioxin über hundert Quadratkilometer verbreitet. Oder hier: Tschernobyl. Haben Sie schon vergessen? Oder verdrängt? Das sind echte Katastrophen!

Und das sollten wir uns immer mal wieder vor Augen halten, wenn das arme Tier in uns mit uns durchgeht. Wenn wir einen Tag hinter uns haben, an dem das Frühstücksei danebengegangen ist oder sich eine Banane in selbstmörderischer Absicht vor unsere Füße geworfen hat. Das ist *Alltag*! Aber wirklich keine Katastrophe. Sondern nur der ganz normale Wahnsinn. Leben eben.

Leben ist tödlich

Risiko

Riiisiiikooo! Uah! Ist es Ihnen in den gefühlten Anfangsjahren des Fernsehens in Ihrem Ohrensessel bei diesem Wort auch immer kalt den Rücken hinuntergelaufen? Ja, das waren noch Zeiten, als es nur drei Programme gab und die halbe Nation dabei zugesehen hat, wie Experten auf dem Gebiet der Bevölkerungsstruktur Pompoloniens oder des Fortpflanzungsverhaltens des Schwarzen Kiefernprachtkäfers (das übrigens dabei helfen kann, Waldbrände frühzeitig zu erkennen: der Käfer als Feuermelder sozusagen) erst Fragen beantworten mussten und später mit eigentümlichen Kopfhörern versehen in Glaskugeln gesteckt wurden, in denen sie – begleitet von dramatischer Musik und einer unerbittlich tickenden Uhr – mysteriöse Umschläge öffnen mussten.

Das war noch richtiges Lehrfernsehen! Da hat man den Leuten noch direkt am Gesicht ablesen können, was Risiko bedeutet. Da traten dann ganz langsam die Schweißperlen auf die gekräuselte Stirn und über den Köpfen formierten sich riesige Fragezeichen: Was soll ich tun? Was wird werden? Aber diese Fragen kann man sich nur stellen, wenn man *Möglichkeiten* hat. Oder im Fernsehen ist.

Man könnte sagen, Risiko ist nur dann in der Welt, wenn man verschiedene Optionen des Handelns hat.

Wenn es also eine gewisse Wahrscheinlichkeit gibt, dass ein negatives Ereignis eintreten könnte. Oder wenn es eine gewisse Wahrscheinlichkeit gibt, dass ein negatives Ereignis multipliziert mit einer finanziellen Belastung eintritt. So etwas erhöht das Risiko gleich ungemein. Ich würde sogar so weit gehen zu sagen, dass ein Risiko selten allein kommt. Ist ja auch schöner für so ein Risiko, wenn es nette Begleitung hat.

Wenn Sie jetzt zum Beispiel in der Quizsendung die Risikofrage richtig versemmelt hätten, weil Sie leider nicht wussten, dass Ihr Hauskäfer einen direkten Draht zur Feuerwehr hat, dann wäre das so ein Fall für den Risiko-Escortservice. Sie haben nicht nur die einmalige Gelegenheit ergriffen, sich vor einem Millionenpublikum zu blamieren, sondern auch gleich die Kohle aus den Händen gegeben, die Sie doch schon so fest eingeplant hatten.

Einfach, weil Sie sich verzockt haben! Weil Sie dem allzu menschlichen Drang der Selbstüberschätzung nachgegeben haben. Weil Sie nicht einkalkuliert haben, dass die Sache auch schiefgehen könnte.

Aber letzten Endes ist es doch so: Uns interessiert ein Risiko eigentlich nur dann, wenn es verspricht wirklich teuer zu werden. Das sind sozusagen unsere Lieblingsrisiken. Es gibt Bindungsrisiken, nun ja, soll man sich in eine Beziehung hineinstürzen oder nicht, man weiß ja nie, was dabei herauskommt. Und es gibt existenzielle Risiken. Das sind sozusagen die grundlegenden menschlichen Risikoquellen. Beziehungen und Existenzen. Dazwischen gibt es noch Risikoabschätzungen – was soll ich tun im Handel und in der Wirtschaft (noch ein Bier oder ist dann schon der Lappen weg?), oder was soll ich jetzt in diesem Augenblick in meinem Leben tun? Das sind gewissermaßen »Risikinos«, die ganz kleinen Risiken.

Aber letztlich muss man natürlich sagen: Risiko ist die Voraussetzung für Freiheit. Ohne Freiheit gibt es kein Risiko und es gibt auch keine Freiheit ohne Risiko. Das heißt, Sie haben eigentlich immer die Gelegenheit, auch ganz anders entscheiden zu können. Wenn ich aber feige bin, meine ich, nee, das Risiko nehme ich nicht auf mich. Also mit anderen Worten: Wer wagt, gewinnt. Es sei denn, er verliert.

Frisch gezapft

Entropie

Das kriegen wir auf einmal nicht hin, das ist mir schon klar, aber ich versuch's trotzdem mal. Also: Entropie ist das Maß für die Anzahl der Möglichkeiten, die es gibt. Und die Entropie nimmt immer zu, weil die Anzahl der Möglichkeiten ständig zunimmt. Aber warum nimmt die Anzahl der Möglichkeiten im Kosmos immerzu zu? Weil das Universum expandiert. Und es gibt überhaupt keine Chance, da wieder herauszukommen.

Der Begriff Entropie wird auch oft verwendet als ein Maß für Unordnung. Aber bevor Sie nun in Erwägung ziehen, den Stoßseufzer »Hach, ist das wieder entropisch!« anzubringen, wenn Sie mal wieder den Lippenstift in Ihrer Handtasche nicht finden: Vorsicht, denn so stimmt das nun eigentlich auch wieder nicht. Denn im Grunde ist Entropie nur eine Aussage darüber, ob ein System mehr Möglichkeiten hätte, sich auch ganz anders zu verhalten, als es das tut. Die Entropie ist sozusagen der Zustand, den ein System zu maximieren versucht. Also gewissermaßen möglichst viele Möglichkeiten realisierbar zu haben. Und das wiederum hat etwas mit Unordnung zu tun.

Die Unordnung ist ein Zustand maximaler Entropie. Je maximaler die Entropie in einem System werden kann, umso mehr versucht ein System, in diese Richtung zu gehen. Das können Sie übrigens gut bei einem Glas Bier beobachten. Frisch gezapft. Ganz frisch. Also ein frisches Pils. Wenn Sie dieses Bier stehenlassen, dann wird aus dem Schaum irgendwann mal Bier. Das bedeutet, nach dem Satz von der zunehmenden Entropie und dem zweiten Hauptsatz der Thermodynamik, dass offenbar der Schaum der geordnetere Zustand ist – relativ gesehen zur Flüssigkeit. Weil, der Schaum verwandelt sich ja in Flüssigkeit. Das merken Sie auch, wenn Sie nur lange genug warten. Der Schaum, das sind Bläschen, und die Teilchen, die sich darin befinden, können sich nur innerhalb der Bläschen wenden und bewegen, während in der Flüssigkeit überall Bewegungsraum für die Teilchen vorhanden ist. Aber denken Sie jetzt nicht weiter darüber nach, trinken Sie lieber Ihr Bier leer. Prost.

Galaktisches Gerülpse

Trinken im Weltraum

Also, damit wir uns jetzt nicht falsch verstehen: Ich meine Trinken, gepflegt Trinken, nicht Saufen. Dass die da oben das nicht dürfen, ist klar. Obwohl ja eigentlich keiner da ist, der das so einfach überprüfen könnte, den Funkverkehr kann man schließlich abstellen. Und nachdem auf bewegten Bildern aus dem All alle irgendwie herumtorkeln, könnten die sich da schon ordentlich einen hinter die Binde gießen.

Aber damit geht's schon los. Da ist nämlich nichts mit Gießen, das fliegt Ihnen schneller um die Ohren und schnurstracks in die nächste Hightechanlage, als Sie schlucken können. Nein, Sie bekommen Ihre Getränke da oben in kleinen Plastikbeutelchen serviert, Strohhalm inklusive. Rotwein auf diese Weise einverleibt, knallt ganz schön, aber ein Genuss ist das nun auch wieder nicht.

Wirklich interessant wird es dann bei der Aufnahme von kohlendioxidhaltigen Getränken. Das ist ja hier auf der Erde nichts Ungewöhnliches. Man öffnet eine Dose oder entploppt eine Flasche und gießt den Inhalt in sich rein. Das läuft dann da hinten richtig runter und kracht vor allen Dingen dann, wenn das Kohlendioxid hinterher wieder rauskommt.

Ja genau. In der Schwerelosigkeit kommt da gar nichts raus. Hier, also auf der Erde, ist es die Schwerkraft, die gewissermaßen das eine vom anderen trennt, deswegen können die Gase nach oben und als ordentliches Gerülpse wieder raus. In der Schwerelosigkeit allerdings bleibt das alles da unten drin. Also wenn man sich da einen ordentlich reingießt, sagen wir mal eine Flasche Sprudelwasser, dann kriegt man eine dicke Wampe. Einen Blähbauch. Deswegen ist die Aufnahme von einem Glas Bier – stellen Sie sich mal vor, Sie wollen sich ein Glas Pils eingießen, sieben Minuten zapfen ist ja nicht möglich, aber Sie haben vielleicht eine Flasche dabei –, tja, das können Sie vergessen.

Das ganze Leben in der Schwerelosigkeit ist irgendwie total glücklos, überhaupt nicht schön. Also überhaupt nicht. Es ist kein Wunder, dass die Leute nach einer Weile wieder froh sind, nach Hause zu kommen. Der Blick durchs Fenster auf die Erde ist ja mal ganz schön, aber ’n richtiges Bier trinken oder was Ordentliches essen, das ist es doch eigentlich! Das ist Balsam für die Seele.

Meine Semmel und ich

Essen im Weltraum I

Man muss jetzt natürlich unterscheiden: Befindet man sich gerade in einer Rakete, die mit großer Geschwindigkeit beschleunigt wird und davonfliegt, oder befindet man sich im freien Fall. Also: Entweder fliegt die Rakete hoch, oder die Raumkapsel oder Raumstation bewegt sich im freien Fall um die Erde. Das Erste ist eigentlich relativ langweilig. Wenn die Rakete beschleunigt wird, dann kann man genauso essen wie unten auf der Erde, weil man seine Schwerkraft spürt und alles ist gut.

Interessant wird es eigentlich erst, wenn Sie versuchen, in der Schwerelosigkeit etwas zu sich zu nehmen. Das ist nämlich gar nicht schön. Das ist sogar richtig uäh. Weil, man serviert Ihnen da oben ja gar kein richtiges Essen, sondern so etwas Eingeschweißtes, Gefriergetrocknetes, das anschließend mit warmem Wasser wieder irgendwie weich gemacht wird. Also quasi Pampe. Das muss natürlich auch so sein, denn es dürfen ja schließlich keine Krümel in der Weltgeschichte herumfliegen.

Stellen Sie sich mal vor, Sie beißen in der Schwerelosigkeit in so eine richtig frische, frisch gebackene, knusprige Semmel. Oder in ein Brötchen, ganz wie Sie wollen. Aber frisch muss es sein. Und dann beißen Sie da rein und Hunderttausende von Krümeln machen sich auf ihren Weg quer durch die Raumstation. Das Unangenehme an diesen Krümeln ist ja, dass sie natürlich genau dahin fliegen werden, wo sie irgendeinen technischen Schaden anrichten können.

Sie haben jetzt also fünf Astronauten, die da sonntagmorgens – wobei, das ist schwierig für die, weil die ja immer um die Erde herumkreisen und gar nicht wissen, haben sie Nacht oder Tag – also, die irgendwann am Sonntag so richtig in ihre Semmeln beißen und dann vielleicht noch versuchen, ein frisch gekochtes Ei … Stellen Sie sich die Sauerei mal vor! Da läuft denen das Eigelb über den Löffel drüber und das Ganze in der Raumstation … und wer wischt den Dreck wieder auf?

Das wäre mal eine Frage, die die Menschheit wirklich bewegt! Und weil das so irre ist, dieses Thema, muss ich gleich noch einen zweiten Teil dazu machen.

Schwereloser Gurkensalat

Essen im Weltraum II

Allein schon das Frühstück ist in der Schwerelosigkeit ja praktisch nicht auszuhalten! Aber stellen wir uns jetzt einmal vor, es ist Mittagessen- oder Abendbrotzeit und man möchte es aus kulinarischer Sicht ein bisschen schön haben. Oder auch nur gesund.

Unseren fünf Freunden im All schwebt ein Salat vor, knackig und voll mit Vitaminen. Nehmen wir mal an, sie haben mitgedacht und eine Gurke mitgenommen. Die können sie ja in der Schwerelosigkeit so richtig schön in die Schwerelosigkeit hineinlegen. Die bleibt dann auch da – zumindest, wenn sie sie genau hinlegen.

Aber jetzt versuchen Sie mal, in der Schwerelosigkeit die Gurke an- und Scheiben von ihr abzuschneiden. Wissen Sie, was die Gurke dann macht?

Also, wenn Sie die von oben mit dem Messer, natürlich nicht mit der Hand, kein Mensch schneidet eine Gurke mit der Hand, also, wenn Sie die jetzt mit dem Messer durchzuschneiden versuchen, dann wird der Anstoß durch das Messer die Gurke dazu bringen, flupp, einfach wegzuschießen. Und Sie fliegen der Gurke hinterher.

Sie sehen, schon das einfache Anrichten, also das einfache Anrichten eines so einfachen Gerichts wie Gurkensalat, ist in der Schwerelosigkeit die Hölle. Deshalb gibt es wahrscheinlich auch noch keine extraterrestrischen Kochsendungen im Fernsehen. Da müssten sich die beiden Herren mit ihren Schnäuzern einen anderen Slogan überlegen, mit lecker ist da nichts mehr.

Aber letztlich ist das dann auch schon egal, denn den Astronauten vergeht praktischerweise mit der Zeit die Lust aufs Essen, die sind ziemlich appetitlos da oben, die verlieren nicht nur die Geschmacksnerven, auch die Geruchsnerven lassen nach einer Weile schwer zu wünschen übrig. Das ist aber gar nicht so schlecht, denn auf der ISS konnte man die letzten sieben Jahre nicht lüften. Und wie es da riecht, das wage ich mir gar nicht vorzustellen …

Bad vibrations

Sex im Weltraum

Also, das ist jetzt ein Thema, das ist mir unangenehm. Weil, ich war ja noch nie da oben; ich hab nur davon gehört und ich kann's mir als Physiker ja auch gut erklären, dass Sex – also jetzt nicht prinzipiell – aber im Weltall? Wenn man in der Schwerelosigkeit ist?

Schwerelosigkeit ist ja Kräftegleichgewicht. Also, im All fällt man frei um die Erde herum, das heißt, man hat kein Gewicht. Genau genommen hat man natürlich schon eins, aber keine Schwere, man spürt das nicht mehr. Und das bedeutet auch, dass sich die Flüssigkeiten im Körper eines Menschen total ausgleichen. Während hier in unserem Schwerkraftfeld die Flüssigkeiten, wie alles andere auch, die Tendenz haben, in Richtung Erdboden zu fallen, sind die Flüssigkeiten in der Schwerelosigkeit ziemlich gleich verteilt. Das heißt, man hat immer einen ziemlich dicken Kopf, will sagen, man hat keine Falten im Gesicht. Und das alles ohne regenerierende Nachtcreme und hyaluronsäuregetränkte Augenpads! Aber die müssten Sie da oben sowieso festkleben, und dann wäre der Effekt unter Umständen eh futsch. Und Sie hätten vielleicht unangenehme Klebstreifenreste im Gesicht, die Ihre Chance auf Sex vermutlich reduzieren würden.

Apropos Sex. Sex zwischen Mann und Frau bedarf ja eines gewissen Flüssigkeitszustroms in den unteren Bereichen. Jetzt nur: Wo ist unten und oben im Weltall, also in der Schwerelosigkeit? Das heißt mit anderen Worten: Da, wo die Flüssigkeit hinströmen müsste, um eine gewisse Härte zu erzeugen, da fließt die Flüssigkeit nicht hin.

Also, für Frauen ist der Sex in der Schwerelosigkeit kein Problem. Nur, ob Männer das können? Einige sagen, das ginge gar nicht. Weil Sex eben nur dann funktioniert, wenn dort, an einer gewissen Stelle, auch gewisse Kräfte walten. Will sagen, die Rakete muss in jedem Fall beschleunigt werden, damit da was geht.

Schatz, ich hab Migräne

Parthenogenese

Parthenogenese … also Jungfernzeugung … Bitte?! Ja, also, ich meine, da hab ich auch nicht … also, man hat davon vielleicht schon mal gehört. Aber dass es so heißt? Das wusste ich auch nicht.

Es geht hier quasi um die Verdopplung von sich selbst. Also um eingeschlechtliche Fortpflanzung. Ich denke immer, das müssen außerordentlich schlecht gelaunte Lebewesen sein. Vor allen Dingen diejenigen unter den Lebewesen, die wechseln können von der eingeschlechtlichen Fortpflanzung zur geschlechtlichen. Wenn die nämlich erst mal gemerkt haben, wie schön es ist, sich geschlechtlich fortzupflanzen, dann werden die doch nie wieder …

Aber so sind sie eben, die Naturgesetzlichkeiten. Es gibt nun einmal Lebewesen, die sich eingeschlechtlich fortpflanzen. Und das tun sie so lange, bis sich die äußeren Gegebenheiten nicht verändern. Bei diesen Lebewesen hat die Natur einfach gesagt: Ach, was sollen wir da jetzt großen Aufwand betreiben! Machen wir die Figur einfach noch mal und noch mal und noch mal …, immer weiter, immer dasselbe. Das ist fast so etwas wie eine Fließbandproduktion.

Wenn sich dann aber plötzlich die äußeren Gegebenheiten verändern, dann ist offenbar wieder Kreativität nötig. Dann müssen neue Möglichkeiten ausgetestet werden und dann muss auch mal was Neues versucht werden. Und für Versuche, für Experimente, dafür muss die geschlechtliche Fortpflanzung herhalten. Weil erst die es ermöglicht, dass wieder neue Kombinationen von Genen zusammengebaut werden und auf diese Weise ein leicht verändertes Lebewesen entsteht, das vielleicht den neuen Umweltbedingungen besser angepasst ist.

Also, auf lange Sicht, würde ich jetzt mal sagen, ist diese Parthenogenese, diese eingeschlechtliche Fortpflanzung vielleicht ganz nett, vorausgesetzt, man will immer wieder dasselbe machen. Aber immer wieder dasselbe? Das ist doch auch nix. Sex, würde ich sagen, das ist schon das Richtige.

Der Mann hat Zeit

Evolution

Es geht hier nur um die biologische Evolution und darum, was eigentlich das Ziel der Evolution ist. Die Antwort ist ganz einfach: Die Evolution hat kein Ziel! Wer hätte das gedacht?

Sie hat keine Zielscheibe, auf die sie ihren Pfeil schießt, also eine neue Art von irgendeinem Organismus, den sie hervorbringen will, nein, die Evolution schießt einfach los. Schießt einfach den Pfeil ab. Und damit in gewisser Weise den Vogel. Oder kennen Sie jemanden, der geschätzte 4000 Millionen Jahre an irgendetwas herumdoktert (damals waren es noch Einzeller) und immer noch nicht weiß, was daraus werden soll?

Das würde heutzutage ja kein Projektleiter mehr mitmachen. Es sei denn, Sie arbeiten bei der Kirche. Die tut sich da etwas leichter und verweist darauf, dass wir nicht etwa das zufällige Produkt der Evolution seien (wobei die Produkteinführung wirklich *sehr* lange gedauert hat), sondern vielmehr die Frucht eines Gedankens Gottes. Der Mann hat Zeit. Die Wissenschaft nicht, und deswegen sieht sie die Sache etwas anders.

Jedenfalls: Wenn der einfach so abgeschossene Pfeil irgendwo getroffen hat, nämlich in der Gegenwart, dann malt die Evolution gewissermaßen um die Stelle, wo der Pfeil eingeschlagen ist, Kreise. Auf diese Art und Weise entwickelt sich nach relativ kurzer Zeit eine Zielscheibe – und zwar von ganz alleine. Die war nicht vorher da, sondern der Pfeil ist einfach losgeschossen worden und die Kreise, die da gezogen wurden, symbolisieren gewissermaßen die Anpassung dieses neuen Organismus an die Umwelt.

Das heißt, die Evolution ist im Grunde ein Selbstüberprüfungsverfahren. Sie findet im Nachhinein heraus, ob das, was sie vorher getan hat, auch gut war. Und wenn das nicht der Fall ist, lässt sie den Organismus mir nichts, dir nichts am ausgestreckten Arm verhungern. Oder passt ihn an die veränderte Umwelt an. Und wir merken im Zweifelsfall gar nicht, welche gefährlichen Raubdinosaurier sich hinter der harmlosen Maskerade von Federvieh landauf, landab in den Hühnerställen zusammengerottet haben. Na ja, sei's drum.

Also eigentlich müssten wir es ja genauso machen wie die Evolution. Wenn wir richtig clever wären, dann würden wir uns immer, wenn wir etwas getan haben, im Nachhinein fragen, ob denn das, was wir da gemacht haben, tatsächlich zu dem Ziel geworden ist, das wir erreichen wollten. Reflexion eben.

Die Evolution tut das und denkt gewissermaßen immer mal wieder über sich selbst nach. Trotzdem ist sie ziellos. Das heißt nicht, dass sie sinnlos wäre. Vielleicht sinnfrei, aber nicht sinnlos. Denn der Prozess der Schaffung neuer Möglichkeiten, also der Vorgang, etwas Neues in Gang zu setzen, die verschiedenen Kombinationen von Atomen und Molekülen, die ständig etwas Neues kreieren, scheinen in der Natur der Natur zu liegen.

So gesehen ist Evolution eigentlich eine außerordentlich optimistische Sache.

Kakerlaken im Keller

Artenvielfalt

Ara, Ahorn, Begonie, Bär, Chrysantheme, Chamäleon, Dorsch, Dattel, Fisch, Flieder, Geranie, Giraffe, Große Hufeisennase, Hängebauchschwein, Hanf, Igel, Iris, Jaguar, Katze, Kerbelkraut, Löwe, Luchs, Lachs, Lupine, Mais, Maiglöckchen, Maulwurf, Natter, Narzisse, Opossum, Osterglocke, Panda, Pangolin, Panther, Phlox, Qualle, Quitte, Rhinozeros, Ringelblume, Schlange, Schlehe, Tapir (haben Sie schon mal einen Tapir gesehen?), Tulpe, Uhu, Ulme, Vielfraß, Vogelbeere, Waran, Warzenschwein, Weide, X fällt mir nichts ein, Y ist Yak und Z ist Zebra. Das ist Artenvielfalt!

Oder fanden Sie diese Reihung jetzt unerheblich? Oder gar unnütz? Dann sollten Sie schleunigst noch einmal in sich gehen. Denn stellen Sie sich vor, Sie kennen das Tier nicht, dem Sie plötzlich Aug in Aug im Wald gegenüberstehen. Jaha! Nur wenn Sie wissen, ob das Vieh Ihnen Böses will, werden Sie diese Begegnung eventuell überleben. Der richtige Umgang mit Flora und Fauna will eben gelernt sein. Und das werden wir nur schaffen, wenn wir immer wieder die Liste von A bis Z, die Sie gerne erweitern können, vor unserem geistigen Auge herunterbeten. Oder auch laut aufsagen. Lärm hilft ja in manchen Situationen, allerlei Getier in die Flucht zu schlagen. Bei

Pflanzen soll Zuspruch übrigens auch hin und wieder helfen, wobei die empfindsameren Gewächse vielleicht allergisch darauf reagieren könnten, wenn sie mit falschem Namen angesprochen werden. Sie sehen, auch hier ist fundierte Kenntnis der unzähligen Arten hilfreich.

Wo war mein Ausgangspunkt? Hier: Es wäre schade, wenn Sie die Rubrik »Artenvielfalt« für unerheblich oder unnütz hielten, auch wenn Ihnen manche Arten vielleicht unnütz erscheinen mögen. Oder gar ein Ärgernis sind wie Kakerlaken im Keller. Oder Wanzen im Bett. Mücken am See. Frösche im Abfluss. Aber irgendeinen Sinn wird wohl auch das haben. Nur weil wir zu beschränkt sind, ihn zu erkennen, müssen wir ja nicht gleich die ganze Artenvielfalt in Zweifel ziehen.

Vom Speicher geholt

Aristoteles

Dass Aristoteles in diesem Buch nur ein einziges Mal erscheint, das erscheint mir viel zu wenig. Ich könnte stundenlang über ihn erzählen.

Etwa, dass er 384 v. Chr. geboren wurde, und mit 17 in Platons Akademie in Athen eintrat. Erst als Schüler, dann als Lehrer. Aber so etwas machen ja viele Abiturienten. Raus aus der Schule, rein in die Schule.

Ich könnte auch erzählen, dass er Erzieher des späteren Alexander des Großen war. Das können schon weniger Pauker für sich in Anspruch nehmen. Oder dass er eine Bibliothek und eine Sammlung von Pflanzen und Tieren anlegte. Ist das außergewöhnlich? Ich weiß ja nicht, was Sie zu Hause so alles auf dem Speicher horten, am Ende finden Sie das ganz banal.

Also noch mal, mit neuem Ansatz: Geschrieben hat Aristoteles auch. In 62 Jahren 170 Schriften, kein schlechter Schnitt – wobei, das sind ja nur 2,7 pro Jahr. Es ist nicht überliefert, wann genau Aristoteles Schreiben gelernt hat, der Schnitt liegt also vielleicht höher, wenn man seine ersten Lebensjahre weglässt. Gesprochen hat er sicher schon früher, weshalb auch jede Menge Zitate von ihm überliefert sind. Sätze wie »Freude an der Arbeit lässt das Werk trefflich geraten«. Wie wahr.

Aber das führt uns zu sehr in den Bereich des Alltags. Freude an der Arbeit. Überlegen Sie sich doch mal, wie oft Sie das von sich behaupten können. Nein, ich erzähle lieber etwas, das in Zusammenhang mit den Gründen für diese Welt steht. Über den ganz großen Wurf sozusagen.

Aristoteles hat sich nämlich vor allem Gedanken darüber gemacht, warum überhaupt irgendetwas ist und wenn es ist, wie es ist und wie das Wie mit dem Warum zusammenhängt. Da gibt es zum Beispiel eine Sache – und die werden Sie sofort verstehen –, die umschreibt der grandiose Philosoph mit *causa materialis.*

Na? In Latein wieder nicht aufgepasst? Also: *Causa* ist der Grund, *materialis* das Material, aus dem etwas ist. Sehen Sie? Geht doch! Noch einfacher gesagt: *Causa materialis* beschreibt, aus was etwas ist. Dann hat er eine Form gefunden, als Grund, eine *formalis*. Es gibt also eine Form und es gibt ein Material. Und dann gibt es noch etwas, das diese Form und das Material miteinander tun, um effizient zu sein.

Aber das Allertollste ist, Aristoteles hat sich mit der *causa finalis* beschäftigt. Mit dem Zweck, mit dem Ziel. Er ist sozusagen der Philosoph des Ziels. Aristoteles war fest davon überzeugt, dass es Ziele gibt in dieser Welt. Warum? Nun ja, er war neben seiner Tätigkeit als Philosoph als Botaniker und Biologe tätig. Und in der biologischen Welt hat er natürlich überall Zwecke und Ziele gefunden. Und deswegen hat er diese biologischen Ziele und Zwecke auf die gesamte Welt übertragen. Es muss einen Zweck geben, ein Ziel, auf das alles hinausläuft. Damit war er lange Zeit der prägende Philosoph für die christlichen Religionen. Heute wissen wir: Zumindest auf den ersten Blick ist in der Evolution kein Ziel zu erkennen. Warum Aristoteles trotzdem einer der ganz, ganz Großen geworden ist? Gute Frage.

Glauben Sie doch, was Sie wollen

Gottesbeweise

Das ist jetzt auch so ein Thema … ganz schwierig. Weil, Gott ist ja kein Teil der hiesigen Welt, man kann ihn also nicht so mir nichts, dir nichts einem wissenschaftlichen Experiment unterziehen. Da entzieht er sich gewissermaßen. Und das schon seit Ewigkeiten.

Trotzdem haben immer mal wieder ein paar Philosophen probiert, die Existenz Gottes logisch zu beweisen. Mit den sogenannten Gottesbeweisen. Die sollten nicht nur ein Indiz oder einen Hinweis liefern, sondern gleich einen Beweis, sodass alle klar sehen können: Es gibt Gott. Du brauchst das nicht mehr zu glauben, du kannst es wissen.

Eigentlich eine Unmöglichkeit, denn Gott ist ja per Definition etwas, an das man zu glauben hat. Aber gut. Gottesbeweise gibt es schon ewig und drei Tage; einer davon ist sogar ziemlich berühmt geworden. Vor 900 Jahren starb der Mann, der diesen Gottesbeweis in die Welt gebracht hat – Anselm von Canterbury. Er hat behauptet, Gott sei das Größte, das Vollkommenste, über das hinaus nichts mehr gedacht werden kann.

Und dann kam er mit folgendem Punkt: Zu dieser perfektesten und größten Daseinsform gehört natürlich vor allen Dingen, dass er existiert. Der Gott. Denn wenn er nicht existiert, dann könnte ich mir ja darüber hinaus etwas anderes denken, was existiert. Seine Argumentation, das werden Sie gleich sehen, ist völlig logisch und hat eine bestechende Struktur:

1. Annahme des Gegenteils: *Das, worüber hinaus nichts Größeres gedacht werden kann* [d.i. Gott], existiert nicht in Wirklichkeit, sondern nur im Verstand.
2. Wenn (1) zutrifft, dann kann etwas gedacht werden, das größer ist als *das, worüber hinaus nichts Größeres gedacht werden kann* (nämlich ebendieses als auch in Wirklichkeit existierend).
3. Wenn etwas gedacht werden kann, das größer ist als *das, worüber hinaus nichts Größeres gedacht werden kann,* dann ist *das, worüber hinaus nichts Größeres gedacht werden kann,* etwas, worüber hinaus Größeres gedacht werden kann.
4. *Das, worüber hinaus nichts Größeres gedacht werden kann,* ist etwas, worüber hinaus Größeres gedacht werden kann.

Daher: *Das, worüber hinaus nichts Größeres gedacht werden kann* [d.i. Gott], existiert in Wirklichkeit und nicht nur im Verstand [aus (1)–(4) durch Reductio ad absurdum].

Ist das jetzt klar? Nein? Dann noch mal mit anderen Worten.

Der gute Anselm hat unmittelbar aus der Definition heraus, dass Gott etwas ist, über das hinaus nichts mehr gedacht werden kann, auf dessen Existenz geschlossen. Und damit hat Herr Canterbury eigentlich nichts anderes gemacht, als zu behaupten, dass Gott nicht verneint werden kann. Gott muss alles sein. Und weil er alles sein muss, muss er auch existieren.

Es hat sich allerdings herausgestellt, dass alle diese Gottesbeweise – nicht nur der, sondern auch der von Aristoteles, die Aussage, dass es am Anfang einen unbewegten Erstbeweger geben muss –, dass die alle nicht wirklich stichhaltig sind. Und so läuft das Gerichtsverfahren gegen Gott weiter.

Einer der größten Staatsanwälte war in diesem Zusammenhang Immanuel Kant, der gezeigt hat: Man kann weder beweisen, dass es Gott gibt, noch, dass es ihn nicht gibt. Na ja. Und was machen wir jetzt mit Nietzsche? Muss etwas, das tot ist, nicht vorher existiert haben? Aber vielleicht hat er ja recht, wenn er sagt: Gott ist eine viel zu extreme Hypothese. Ach, glauben Sie doch, was Sie wollen!

Herr Cryfftz wird Kardinal

Nikolaus von Kues

Cusanus – unter uns gesagt, einer meiner absoluten Lieblinge – hat von 1401 bis 1464 gelebt, und er hat sich über Sachen Gedanken gemacht, über die sich vorher noch niemand Gedanken gemacht hat.

Er hat sich zum Beispiel Folgendes überlegt: Wie ist das mit Gott?

Bei Gott, meinte Cusanus, müssten ja alle Widersprüche zusammenfallen. Und selbst einer der wichtigsten Sätze der Philosophie, nämlich der Satz vom Widerspruch, eine Aussage könne nicht zugleich wahr und falsch sein, würde bei Gott nicht mehr stimmen. Bei Gott müssten das Allergrößte und das Allerkleinste zusammenfallen; also, die Gegensätze müssten sich bei Gott vereinigen, ununterscheidbar sein.

In seinem Werk »De docta ignorantia« (»Über die belehrte Unwissenheit«) verwirft Nikolaus von Kues im Sinne der negativen Theologie alle positiven Aussagen über Gott als unangemessen und insofern irreführend. Cusanus wendet sich Gott nicht zu, indem er den Anspruch erhebt, Wissen über ihn zu besitzen oder erreichen zu können, sondern indem er Wissen über sein eigenes Nichtwissen erlangt und damit eine über sich selbst »belehrte Unwissenheit«.

Und diese »Regel der belehrten Unwissenheit« besagt, dass man nie durch Betrachtung von etwas, was quantitativ oder qualitativ vermehrt bzw. gesteigert oder vermindert werden kann, zur Erkenntnis eines absoluten Maximums gelangen kann.

Der menschliche Verstand kann sich aber leider nur mit vermehrungs- oder verminderungsfähigen, also relativen Objekten befassen, da seine Tätigkeit ein Vergleichen von Bekanntem mit Unbekanntem ist. Gott als das Absolute und Unendliche ist dem Verstand somit prinzipiell unzugänglich.

Das hätte man sich ja eigentlich denken können. Nur, bis Herr Cryfftz des Weges kam – so hieß Cusanus nämlich mit Familiennamen –, hatte das noch keiner gedacht.

Das Tolle ist nun, dass dieser Ununterscheidbarkeitsbegriff für uns Astrophysiker heutzutage am Anfang des Universums steht. Wir brauchen am Anfang – also, bevor das Universum überhaupt erst richtig losgeht und auch kurz nachdem es losgegangen ist – einen Zustand der absoluten Ununterscheidbarkeit.

Ich weiß, das hat jetzt nicht unbedingt etwas mit Gott zu tun, aber die Gedanken, die Cusanus sich gemacht hat über den Beginn von Allem (und für ihn damit über Gott), die lassen sich heute fein in die Kosmologie einbauen. Es gibt nicht so viele Philosophen, die uns Kosmologen etwas Nennenswertes zu sagen haben. Und dass Cusanus, immerhin vor 500 Jahren, so etwas losgelassen hat, das finde ich eine außerordentlich bemerkenswerte Angelegenheit. Gott zu definieren nicht über das, was er ist, sondern über das, was er nicht ist. Das ist ein richtig physikalisches, um nicht zu sagen perfekt naturwissenschaftliches Verhalten. Wirklich ein toller Typ. Und Kardinal war er auch noch.

Das Universum ist mit uns

Chaos

Etymologisch gesehen heißt Chaos eigentlich »klaffender Abgrund«. Oder auch »Leere«, vor allem die, aus der Götter und Welten oder auch beide entstehen können.

Das ist aber eigentlich nicht das, was man sich normalerweise unter Chaos vorstellt. Chaos steht eher für Unordnung, für Tohuwabohu, für ein einziges Durcheinander, in dem man überhaupt nichts mehr voneinander unterscheiden kann und schon gar nichts mehr findet. Und wer diese Unordnung beseitigen will, muss Energie aufwenden.

Das ist so, als wollten Sie endlich Ordnung in das Chaos auf Ihrem Schreibtisch bringen. Eine mitunter leidvolle Erfahrung, aber das Tröstliche dabei ist: Sie sind nicht allein. Das Universum ist mit Ihnen.

Das Prinzip ist das Gleiche, nur die Dimension vielleicht eine andere, auch wenn ich Ihren Schreibtisch nicht kenne. Im Universum müssen Sie klotzen. Aber wenigstens kommt die Energie von außen, sozusagen von der- oder demjenigen, der oder die über die Unordnung auf Ihrem Schreibtisch meckert; in diesem Fall übernimmt das der Urknall. Ist das vergleichbar?

Nun, es mag Ihnen manchmal so vorkommen, als hätten Sie gerade Ihren persönlichen Urknall erlebt, bevor Sie sich aufraffen und Ordnung machen. Aber eigentlich meint Chaos etwas anderes.

Nämlich einen Zustand, in dem nichts ist. Da ist nichts, überhaupt nichts, das man von etwas anderem unterscheiden könnte. Und deswegen haben sich die Weltbilder – und zwar alle Weltbilder – gedacht, das Chaos setzen wir mal an den Anfang. Das Chaos ist der klaffende Abgrund, aus dem später irgendetwas wird. Das Chaos entwickelt sich also langsam zu einem Zustand, in dem man etwas voneinander unterscheiden kann, in dem allererste Strukturen da sind und eine gewisse Ordnung. Und diese Ordnung, das harmonische Ganze, nennt man Kosmos. Es gäbe keinen Kosmos, wenn es kein Chaos am Anfang gäbe.

Das Interessante ist, dass nicht nur Religionen solche Weltbilder entwickeln, sondern genauso die Wissenschaften. Das moderne Bild vom Urknall als Anfangspunkt der Entstehung von Materie, Raum und Raumzeit ist der Übergang vom Chaos zum Kosmos.

Gottes Luftballon

Urknall

Wahrscheinlich ist der Urknall letztlich doch von den Japanern erfunden worden. Aber eigentlich vermute ich ganz stark, der liebe Gott hat irgendwo vor dem Urknall in irgendeiner Spielhölle gezockt – und dann ist ihm das Spielgerät um die Ohren geflogen.

Und dann rief seine Frau an und fragte: »Wo bist du? Was machst du?«

»Ja, ich bin hier in Las Dingsbums und …«

Und dann kommt der berühmte Satz, den auch alle sagen, die etwas mit Computern zu tun haben: »Ich? Ich hab doch gar nichts gemacht.«

In diesem Moment muss sich Gott gefühlt haben wie einer, der neben einem Netzwerkingenieur steht, der sagt: »Das ist ja unmöglich!« Und Sie (oder Gott) sagen mit treuherzigem Blick: »Ich weiß nicht, ich hab wirklich nichts gemacht!« Bis Sie (oder ER) dann ganz langsam einräumen: »Na ja, vielleicht bin ich doch mit der Tastatur … irgendwie …«

So ähnlich muss das mit dem Urknall gewesen sein.

Aber was ist jetzt (wenn Sie oder Gott nicht wirklich den falschen Knopf gedrückt haben) die Ursache für eine Ursache, die selbst keine Ursache gehabt haben kann und damit keine Ursache hatte? Eben. An einer ähnlichen Frage ist ja schon Aristoteles gescheitert. Sie erinnern sich: Die Sache mit der Bewegung des unbewegten Erstbewegers.

Beim Urknall – dem Tag ohne Gestern, an dem es noch nicht einmal ein Damals gab – haben wir jetzt allerdings ein Dilemma. Wir können nämlich tatsächlich sagen, dass es einen Anfang gegeben haben *muss*.

Warum? Nun, weil 1929 ein ehemaliger Preisboxer und späterer Rechtsanwalt (erst dann wurde er Astronom) festgestellt hat, dass die Galaxien sich um so schneller von uns entfernen, je weiter sie von uns entfernt sind.

Das verstehen Sie jetzt nicht? Dann holen Sie sich bitte ganz schnell einen Luftballon. Einen ohne Luft. Und auf dem verteilen Sie nun gleichmäßig Punkte. Wenn Sie den Ballon dann schön bepunktet haben, blasen Sie ihn auf. Und was sehen Sie? Richtig! Die Punkte, die am weitesten voneinander entfernt sind, entfernen sich auch am schnellsten voneinander.

Im Universum ist das genauso. Es expandiert und expandiert. Kein Wunder, dass Sie manche Dinge nicht mehr wiederfinden, die doch gestern noch genau an der Stelle … Gestern war das Universum ja auch noch kleiner. Und vorgestern war es *noch* kleiner.

Und wenn Sie in dieser Richtung weiterdenken, kommen Sie irgendwann zu einem Punkt – dem allerkleinsten, über den hinaus nichts mehr gedacht werden kann. Das Allergrößte, über das hinaus nichts mehr gedacht werden kann, das hatten wir ja schon. Jetzt sind wir beim Allerkleinsten.

Wobei Sie jetzt natürlich einwerfen könnten: Moment mal, das ist ja wie bei einem jüdischen Pokerspiel. Du denkst dir 'ne Zahl, ich denk mir 'ne Zahl. Und dann sagst du deine, und wenn meine höher ist, hab ich gewonnen. Aber so geht das hier nicht. Denn nicht das Größere gewinnt, wie Sie vielleicht denken, sondern das Kleinere.

Also einfach nicht denken. Denn da stoßen Sie ganz zwangsläufig an eine kausale Grenze, die in der Physik die »Planck-Welt« heißt. 10 hoch minus 35 Meter. Das ist die kleinste kausal sinnvolle Einheit im Universum und für den Physiker der Urknall. Der Beginn einer Ursache-Wirkungs-Kette. Dazu gehört natürlich auch eine Zeitskala. Wenn man diese in die Länge zieht (10 hoch minus 35 Meter geteilt durch die Lichtgeschwindigkeit), kommt man bei 5 mal 10 hoch minus 44 Sekunden an. Das ist der Beginn der Zeit, also die allerkleinste kausale Zeitskala. Dazu gehört eine Temperatur von 10 hoch 32 Grad, eine Dichte von 10 hoch 96 Kilogramm pro Kubikmeter ... und was immer Sie wollen. Suchen Sie sich's aus. Das ist immer noch zwanzig Größenordnungen kleiner als ein Proton. Und wie klein ein Proton ist, das kann man sich ja leicht vorstellen, wenn man sich überlegt, dass ein Gramm Material aus 10 hoch 24 (mit anderen Worten: aus einer Million Trillionen) Teilchen besteht.

Tja! Muss ich sonst noch was zum Urknall sagen?

Nicht wirklich, oder? Aber Sie können sicher sein: Wenn das stimmt, was der Edwin Hubble 1929 herausgefunden hat, nämlich dass das Universum expandiert, dass es also gestern kleiner war als heute, dann muss es einen Anfang von allem gegeben haben.

Jetzt fragen Sie mich aber bitte nicht, was davor gewesen ist. Das weiß nämlich kein Mensch, vielleicht kann Gottes Frau da weiterhelfen. Aber von der weiß man ja kaum etwas und gesehen hat sie auch noch keiner. Aber es könnte durchaus sein, dass irgendetwas davor gewesen ist. Denn vielleicht war der Urknall ja gar nicht der Anfang. Auf die Frage, was Gott vor dem Urknall gemacht hat, heißt es übrigens, er habe die Hölle geschaffen – für Leute, die solche Fragen stellen. Damit ist doch eigentlich alles erklärt.

40 000 Jahre im Friesennerz

Vom Ursprung der Meere

Also eigentlich ist es ja ganz einfach: Die Meere auf unserem Planeten, dem Planeten Nummer drei im Sonnensystem, die kommen vom Regen. Bei der Entstehung der Erde hat es einfach geschüttet, es hat gepöttet, es hat gegossen wie aus Eimern. Es muss über 40 000 Jahre lang gekübelt haben, da macht man sich keine

Vorstellung. Zehnmal stärker als der stärkste Monsunregen, der je auf der Welt gefallen ist. So muss es damals gewesen sein. Und Sie beschweren sich schon, wenn es mal 14 Tage nieselt!

Aber woher damals all das Wasser gekommen ist, das ist die eigentliche Frage nach dem Ursprung der Meere. Das Wasser ist nämlich gar nicht auf der Erde entstanden, sondern kam sozusagen von draußen rein. Bevor Sie jetzt mit den Augen rollen und sagen: Ist ja klar, Regen kommt doch auch von oben, darf ich Sie ganz nebenbei daran erinnern, dass das, was in Ihren Augen da von oben kommt, eigentlich von unten kommt. Also schon längst da war und erst durch die Verdunstung wieder den Weg nach oben angetreten hat.

Das verstehen Sie nicht? Na, dann mal eben kurz und knackig nur für Sie die Geschichte des Sonnensystems: Die Sonne entstand aus einer Gaswolke, die unter ihrem eigenen Gewicht zusammengefallen ist. Das ist jetzt auf den Tag genau 4,56 Milliarden Jahre her. (Warum sie zusammengestürzt ist, werden Sie gleich noch erfahren.) Damals bildete sich aber nicht nur die Sonne aus dem Material der Wolke, sondern auch eine Scheibe aus Staub und Gas, die sich um den entstehenden strahlenden Ball herumlegte.

In besagter Scheibe ballten sich ihrerseits durch so manchen Zusammenstoß Staubbröckchen zu Brocken und sogar zu einfamilienhausgroßen Felsen. Und die wiederum formten durch frontale und laterale Zusammenstöße planetare Reihenhaussiedlungen, also die ersten Vorformen von Planeten. Je näher an der Sonne, umso felsiger waren die Planeten, je weiter weg, umso eisiger und gasiger.

So, damit wäre erst mal die kosmische Kulisse erklärt. Und jetzt zum Ursprung des Wassers:

Die Standardfolklore der Wissenschaft, die sich mit der Frage nach den Ursprüngen der Meere und des Sonnensystems allgemein beschäftigt, sagt: Das Wasser auf der Erde, und damit vor allen Dingen das Wasser in den Meeren, kam mit drei, möglicherweise vier großen Einschlägen von Asteroiden, die selbst irgendwo zwischen Mars und Jupiter im Sonnensystem entstanden sind. Es kam aus einer großen Wolke, aus der das Sonnensystem insgesamt entstanden ist: Das Wasser, das wir heute vor uns und in uns haben, aus dem wir und die Meere bestehen, ist ein Material, dass sich in einer Gaswolke gebildet hat, in der gleichzeitig, quasi nebenher, auch noch andere Sterne als unsere Sonne entstanden sind, vor allem einige größere und schwerere Sterne, die nur kurz strahlen und dann explodieren.

Vor 4,56 Milliarden Jahren ist einer dieser großen Sterne explodiert, hat unsere Gaswolke weiter zusammengepresst und daraus das Sonnensystem entstehen lassen.

Die Meere sind also im wahrsten Sinne des Wortes Sternenstaub. *Aqua cosmica!*

Antike Kleiderbürste

Bernstein

Na ja, jeder weiß, was Bernstein ist. Brauche ich Ihnen doch nicht zu erklären. Bernstein ist Harz. Nee, nee. Nicht Hartz IV. Baumharz. Bernstein ist fossiles Baumharz. Teilweise bis zu 260 Millionen Jahre alt. Und wie das so ist, wenn man nicht aufpasst, zack! ist man quasi Baumharzempfänger. Meist sind das die Damen der Schöpfung, die zu Weihnachten oder einem runden Geburtstag den goldbräunlichen Schmuckstein um den Hals gehängt bekommen.

Dabei ist Bernstein ja eigentlich kein Stein, sondern ein organisches Material. Also eine Kohlenstoffverbindung, genauer eine Kohlenstoff-Wasserstoff-Verbindung, eine Kohlenstoffkette. Das spielt gleich noch eine wichtige Rolle. Nicht dass Sie jetzt denken, was schreibt der denn da.

Wie das nun einmal so ist mit dem Harz – da unterscheidet sich das heute fossile in nichts vom heute heutigen –, tritt es gerne mal aus. Aus der Rinde. Und wenn es da so hinunterlief am Stamm der urzeitlichen Bäume, dann konnte es schon mal sein, dass das ein oder andere Tierlein die Gefahr nicht rechtzeitig erkannte und vom Baumharz eingeschlossen wurde.

Was für das Tier nichts anderes bedeutete, als auf unangenehm klebrige Weise eingesargt zu werden, ist für die heutige Wissenschaft ganz großartig. Denn diese sogenannten Inklusen präsentieren uns die armen Tierchen auch nach Jahrmillionen noch perfekt konserviert. Wenn nun der Brei mitsamt seinen Inklusen und allem anderen organischen Material auf den Boden tropfte, dort verwitterte und durch Ablagerung zusammengepresst wurde, dann entstand Bernstein.

Wahnsinn, oder?

Das Interessante ist aber, dass Bernstein durch seine langen Kohlenstoffketten statische Elektrizität erzeugen kann. Lassen Sie sich doch einfach mal beim nächsten Besuch der Verwandtschaft einen Bernstein-Anhänger geben und reiben Sie damit über Ihre Klamotten. Wenn Sie ordentlich verfusselt sind, werden Sie feststellen, dass sich der Klunker durch die Reibung auflädt und all die kleinen Staubteilchen auf magische Weise anzieht.

Jaja, das wusste man schon während der Antike, zu Zeiten also, da moderner Schnickschnack wie der Staubsauger noch nicht erfunden war. Da war Hausarbeit noch richtig anstrengend! Auf den Knien mit dem großen Bernstein in der Hand über den Teppich, das dauerte schon ein Weilchen.

Diese Fähigkeit des Bernsteins führte übrigens auch dazu, dass wir heute Elektrizität »Elektrizität« nennen. Das altgriechische Wort für diesen »Stein« ist *elektron*, das lateinische *electrum*. Wo wir schon bei den Lateinern sind: Die Römer haben das erste Mal Bernstein zu Gesicht bekommen, als die Germanen zu ihnen gekommen sind. Beziehungsweise sie zu den Germanen. Vor allem die Römerinnen waren ziemlich scharf auf diese neue Handelsware, um deren Ursprung sich schnell allerlei Mythen rankten. Man glaubte, Bernstein sei gefrorene Tränen der Nymphen. Oder aus dem Harn von Luchsen entstanden, der in der Sonne getrocknet sei. Dann schon lieber die Nymphen. Zumal mancher empfiehlt, Kinder sollten bei Zahnproblemen einen Beißring aus Bernstein (das Armband der Patentante tut es vielleicht auch) in den Mund nehmen.

Auch schön ist der hier: Man glaubte, sündige Ehefrauen zum Gestehen ihrer Taten zu bewegen, wenn man ihnen nachts einen Bernstein auf die Brust legte. Praktischerweise würden Trolle, Hexen und Dämonen, die sich möglicherweise im Zimmer der Gattin aufhalten, auch gleich die Flucht ergreifen. Vergessen Sie also Knoblauch und dergleichen, Sie müssen nur die antike Kleiderbürste hochhalten und schon wird alles gut.

Als Baumharzempfänger müssen Sie übrigens auch keine Angst haben vor »Podagraschmerzen und Dysenterie« (das schlagen Sie jetzt aber bitte selbst nach), davon ging zumindest der griechische Arzt Pedanios Dioskurides aus. Aber das war im ersten Jahrhundert nach Christus. Heute wissen wir: Alles Quatsch, ist einfach nur ganz schön altes Harz.

Ein Wasserbett für die Sahara

Fossiles Wasser

Also bei »fossilem Wasser« handelt es sich um Wasser, das, ja, ähm, das – ist alt. Fossil hat ja an sich schon etwas Altes, das merkt man auch an Sätzen wie: »Na, du altes Fossil!« Das sagt man für gewöhnlich weniger zu jungen Leuten, sondern eher zu denjenigen, die problemlos als Zeugnis vergangenen Lebens aus der Erdgeschichte durchgehen könnten. Weil sie so versteinert daherkommen. Oder eben so alt sind.

Aber denken Sie bei dem Begriff »fossiles Wasser« jetzt bitte nicht an versteinertes Wasser oder gar das Getier oder Gepflanz, das sich möglicherweise darin befindet, weil es die Kurve nicht rechtzeitig bekommen hat oder sich einfach selbst »ausgelesen« und an einem bewahrenden Ort das Zeitliche gesegnet hat. Denn das wären ja die Fossilien. Fossiles Wasser ist aber keineswegs versteinertes Wasser, sondern einfach nur altes Wasser. Und zwar richtig alt.

Über seine Entstehung gibt es zwei Theorien: Die eine Theorie sagt, dieses Wasser sei uralt. Also ewig und drei Tage alt. So alt, dass es noch nie an dem großen Wasserkreislauf – Sie wissen schon, Wasser kommt an die Oberfläche, verdunstet, wird dann zu Wolken, regnet ab, fällt also wieder herunter, versickert und dann das

Ganze wieder von vorn –, an diesem Wasserkreislauf hat es noch nie teilgenommen.

Das muss eine wirklich öde Erfahrung sein für so ein fossiles Wasser. Es sitzt seit Ewigkeiten da unten fest, möglicherweise sogar seit der Zeit, als sich der afrikanische Kontinent gerade erst bildete, und Herrschaften!, da kommen schnell mal ein paar hundert Millionen Jahre zusammen. Wenn diese Theorie stimmt, wäre fossiles Wasser also wirklich ganz, ganz altes Material, das sich während der Modellierung der Erde angesammelt hat, im Innern der Erde feststeckt und seitdem darauf wartet, dass mal was passiert. Da kann man schon schlechte Laune bekommen. Oder klaustrophobisch werden.

Eine ganz andere Variante sagt aber: Nee, nee, das fossile Wasser, das da im Wüstenboden versteckt ist, sei gar nicht so uralt, sondern gewissermaßen nur jung-alt. Es sei vor einigen Jahrmillionen, also während einer lang zurückliegenden Klimaperiode, als Grundwasser eingelagert worden. Und ist dann einfach nicht wieder an die Oberfläche gekommen. Nicht weil es ihm da unten zwischen den Gesteinsschichten so gut gefallen hätte, sondern weil sich der Sandboden einfach so drübergelegt hat. Ungefragt. Einfach so. Ein Wasserbett für die Wüste quasi.

Aber welche Theorie nun stimmt, weiß man noch nicht. Sicher jedenfalls ist: Man sollte bei fossilem Wasser grundsätzlich sehr vorsichtig sein, gerade diejenigen, die in der Wüste leben und von diesem Wasser abhängig sind. Die sollten nicht zu schnell zu viel davon abpumpen. Nicht weil sie sich damit den Magen verderben könnten, sondern weil nach dem fossilen Wasser einfach nichts mehr kommt. Das ist nämlich wirklich der allerletzte Tropfen.

Wie Sand am Meer

Wüste Namib

Wenn Sie die Vorwahl 00264 wählen, kommen Sie in Namibia raus. Vorausgesetzt, Sie kriegen da überhaupt jemanden an die Strippe, denn in dem Land, das mehr als doppelt so groß ist wie Deutschland, wohnen gerade mal zwei Millionen Menschen. Das könnte auch daran liegen, dass es in Namibia jede Menge Wüsten gibt. Einer von ihnen, der Namib, verdankt das Land seinen Namen.

Die Namib ist vermutlich die älteste Wüste der Welt – man schätzt sie auf 80 Millionen Jahre – und ein Ort, an dem man nicht gerne Urlaub macht. Tagestemperaturen von über fünfzig Grad, abends dann ein kleiner Kältesturz mit Minusgraden, das freut den Outdoor-Ausstatter. Aber ob Sie das unbeschadet überstehen, ist die andere Frage. Ob übrigens die Bezeichnung »Skelettküste« (so heißt ein Nationalpark in der Namib) unmittelbar damit zusammenhängt, weiß ich nicht.

Das Komischste an der Namib ist vielleicht ihre Lage. Die Trockenwüste (da wächst nichtsnix) verläuft nämlich an der afrikanischen Westküste direkt am Meer. Bitte? Geht's noch? Meer und nebenan gleich Wüste, das kann doch gar nicht sein!

In solchen Situationen ist der Physiker gefragt. Stellen Sie sich vor, Sie paddeln gemütlich im Meer herum, gehen aus dem Wasser und finden Ihr Handtuch nicht wieder. Wie war das noch, haben Sie es hinter der ersten Düne abgelegt? Hinter der zweiten? Hinter der … Alles, was Sie sehen, ist Sand. So weit das Auge reicht.

Wie kommt das? Ganz einfach: Das Meerwasser strömt wegen einer kalten Meeresströmung an der Küste entlang vorbei. Und diese kalten Meeresströmungen führen nun einmal dazu, dass die warme Luft, die sich möglicherweise über dieser kalten Meeresströmung gebildet hat – ist ja kein Wunder, schließlich befinden wir uns in der Nähe des Äquators –, dass diese warme Luft über der kalten Meeresströmung kondensiert. Die Luftfeuchtigkeit wird dieser Luft entzogen; entzogene Luftfeuchtigkeit wiederum ist ein Problem für den Regen, der sich möglicherweise gerne gebildet hätte, sich nun aber nicht bilden kann. Weil die Luft nicht feucht genug ist. Es gibt daher nur ein bisschen Wolkenbildung, ab und zu etwas Nebel und das war's.

Das mit dem Nebel ist ein Glück, sonst könnten Sie

bei Ihrem Besuch in der Namib den Nebeltrinker-Käfer nicht beobachten. Den erkennen Sie daran, dass er Ihnen sein Hinterteil entgegenstreckt, an dem der Nebel kondensiert und dem Käfer von dort aus direkt nach unten in den Mund läuft. Auch schön. Aber in der Not … Der Nebeltrinker trinkt also quasi kopfüber, wie Sie beim Schluckauf, nur unter erschwerten Bedingungen wegen dem Sand.

Küsten-Wüsten wie die Namib findet man übrigens auch in Südamerika, ebenfalls an der Westküste. Vor der Küste von Chile gibt es eine kalte Meeresströmung und gleich dahinter kommt die Atacama. Auch so eine grauenhafte Wüste, aber für mich als Astronomen eine ganz tolle Angelegenheit. Hier stehen viele große Teleskope, weil weder Nebel noch Wolken den Blick in die Sterne trüben, während man andernorts nur in die Röhre gucken kann. Und insofern hat es ja auch etwas Gutes, dass es solche trockenen Wüsten gibt.

Daumenkino einmal anders

Geozentrisches Weltbild

Noch 1828 hat Goethe zu Eckermann gesagt: »Das geozentrische Weltbild, mein lieber Eckermann, das ist doch das Natürlichste der Welt. Man steht hier auf dem Erdboden, und schaut sich an, wie sich alles um einen herum dreht.« Wieder zu lange in Auerbachs Keller gehockt, oder was?

Nein, Goethe war völlig nüchtern und fand seine Aussage auch völlig normal. Wie sollte es denn auch sonst sein? Er konnte gar nicht anders, sondern hat nur das zum Besten gegeben, was damals en vogue war.

Das Weltbild, dem gemäß sich die Sonne, der Mond, die Planeten und die Sterne um die Erde drehen, nennt man Geozentrismus. Die Erde ist sozusagen das Zentrum des Universums, der ruhende Pol, um den alle Anderen auf Kurvenbahnen herumrotieren. Während die sich abstrampeln, kann sich die Erde bequem zurücklehnen und zugucken. Aus der ersten Reihe quasi, mit Popcorn und einem Softgetränk.

Jaja, so haben die sich das damals gedacht, im alten Griechenland, die Herren Aristarchos, Aristoteles, Hipparchos und Ptolemäus. Und gleich noch einen großartigen Rückschluss daraus gezogen. Wenn nämlich die Erde schon der Mittelpunkt des Universums ist, dann sind natürlich seine Bewohner nicht nur der Nabel der Welt, nein, sie kommen mit ihrer Allmacht gleich hinter dem Schöpfer des Ganzen. Homozentrismus nennt man das.

Daran zumindest hat sich bis heute kaum etwas geändert, nur die Geozentriker kamen mit der Zeit ein bisschen ins Grübeln. Rund 2000 Jahre haben sie zwar gebraucht, dann aber stellten sie fest, dass es an einem Argument kräftig haperte. Aber wissen Sie auch, an welchem?

Nun, die Geozentriker behaupteten, wenn ihr Weltbild falsch wäre, sich die Erde also um die Sonne drehen würde, dann müsste man etwas am Himmel beobachten können, das man Parallaxe nennt. Das kommt, natürlich, aus dem Griechischen und bezeichnet die scheinbare Änderung der Position eines Objekts, wenn der Beobachter seine eigene Position verschiebt. Für den Kinosessel der Erde heißt das: Nimmt die Erde in einer anderen Reihe Platz, und hat dann vielleicht noch irgendeinen Bumsschädel vor sich, dann ändert sich natürlich der Blick auf den kosmischen Film. Im konkreten Fall: Die Sternenpositionen verändern sich.

Wenn Sie das jetzt zu Hause mal nachstellen wollen – wann sitzt man schon mal im Kino neben der Erde und kann sich mitfühlend erkundigen, ob sie auch gut sieht –, dann heben Sie Ihren Daumen. Und fixieren ihn einmal mit dem linken und einmal mit dem rechten Auge. Na? Wie ändert sich die Position des Daumens? Eben. Das ist Parallaxe, Daumenkino einmal anders.

Die Geozentriker sind also davon ausgegangen, dass man eine Parallaxe beobachten können müsse, wenn sich die Erde um die Sonne herum drehte. Weil sich ja dann die Position des Betrachters ändern würde. Und wie haben die das jetzt gemacht? Sie versuchten mit allerlei Geräten die Position von Sternen und deren Bahnen genauestens zu bestimmen. Was ist dabei herausgekommen? Man hat keine Parallaxe gefunden. Und damit war klar: Die Erde muss im Mittelpunkt stehen, alles dreht sich um sie.

Bis Kopernikus, Kepler und Galilei das Ruder übernahmen, war das die gültige Weltmeinung. Wäre ja auch zu schön gewesen – und hätte auch die Erklärung geliefert, warum die Außerirdischen allesamt so darauf brennen, uns zu besuchen. Einmal im Leben die Erde sehen, den Hot Spot des Universums. Hat denen eigentlich immer noch keiner gesteckt, dass das gar nicht stimmt? Oder haben die etwa keine Fernrohre? Dann sind sie wirklich zu bedauern.

Aber gut, bei uns hat es auch eine Weile gedauert, bis die Rohre entwickelt waren und das geozentrische Weltbild in die Klamottenkiste der Irrungen und Wirrungen der Weltgeschichte gepackt wurde. Man hatte damals nämlich nicht bedacht, dass die Sterne so weit von uns entfernt sind, dass man ohne ein »bewaffnetes Auge« die Parallaxe gar nicht messen kann. Das geozentrische Weltbild ist also gewissermaßen das Weltbild des menschlichen Auges.

So gesehen eigentlich die natürliche Variante – aber leider falsch.

Escort-Kartoffeln

Monde

Wo wir gerade schon bei Goethe sind, sei mir ein kleiner Exkurs gestattet, der einen Moment von der dramatischen Geschichte der Weltbilder ablenken mag. Goethe hatte es ja irgendwie mit dem Mond. Und weil er den offenbar von seinem Fenster aus gut sehen konnte, hat er Sätze darüber geschrieben wie: »O sähst du, voller Mondenschein, zum letzten Mal auf meine Pein.« (Faust I, für diejenigen, die in der Schule mal wieder nicht aufgepasst haben. Sie können das aber leicht nachholen, steht ziemlich am Anfang, versteckt in dem ganzen Habe-nun-ach-Sums).

Oder: »Füllest wieder Busch und Tal still mit Nebelglanz, lösest endlich auch einmal meine Seele ganz.« Ja, man kann schon etwas mürbe werden, wenn man zu lange in den Mond guckt. Dann sieht man auch irgendwann den Mann, der dort oben wohnen soll – das ist gar nicht so abwegig, schließlich sind Monde die einzigen Plätze im Sonnensystem, von denen wir noch nicht ganz genau wissen, ob sich dort oben Leben entwickelt hat.

Eine Frage, die sich die ganzen Literaturwissenschaftler, die sich mit Goethes Ode an den Mond beschäftigen, offenbar noch nicht gestellt haben, ist die Frage, welchen Mond der große Meister eigentlich besingt.

Denn das Auftreten von Monden ist ja gewissermaßen inflationär: Die Erde hat einen. Und was für einen. Einen, der ihr dienstgradmäßig gar nicht zusteht. Sie müsste eigentlich einen viel kleineren Mond haben. Der Mars hat zwei, Phobos und Deimos, aber das sind eigentlich nur eingefangene Brocken, sie stammen von woanders. Jupiter hat viele Monde und einige davon sind auch richtig, richtig groß. Der Saturn hat viele Monde, der Neptun auch, genauso der Uranus. Und der Pluto? Der hat keinen, aber er ist ja auch kein Planet. Und Monde sind nun einmal die Begleiter von Planeten.

Ja, die gehen nicht mit jedem, da sind sie ganz eigen. Und es sind Objekte, die durch ihre eigene Schwerkraft geformt sind. Wenn nämlich ein Objekt hinreichend schwer ist, sodass die Gravitationsenergie größer wird als die Verformungsenergie, die das Material braucht, um sich überhaupt erst zu einer Kugel zu verformen, dann spricht man von einem Mond. Zumindest bei den ganz runden Monden.

Es gibt allerdings auch Kartoffeln, so wie Phobos und Deimos, und etliche von den Brocken, die in den Saturnringen drin sind, das sind eigentlich keine richtigen Monde. Das sind so Fetzen, übrig gebliebene Fetzen. Da ergeben sich doch noch mal richtig viele Möglichkeiten für die Dichtung, wenn ich's mir recht überlege …

Vom Zentrum ins X

Heliozentrisches Weltbild

Aber zurück zu den Weltbildern.

Eigentlich hatte schon fast 300 Jahre vor unserer Zeitrechnung Aristarch von Samos darauf hingewiesen, dass doch eigentlich die Sonne im Mittelpunkt stehen müsse und sich alle Planeten um den strahlenden Körper in der Mitte des Sonnensystems zu drehen hätten. Das war seine Vorstellung von der Natur – und es war auch die richtige.

Aber mit diesem Bild wäre verbunden gewesen, dass das Universum riesig und vor allem die Erde kein besonderer Planet gewesen wäre. Nämlich nur einer von vielen, die sich um die Sonne herum drehen. Deswegen verschwand diese ketzerische Sichtweise – der Kirche galt der Heliozentrismus schlicht als »antireligiös« – auch recht schnell wieder, denn man traute seinen Augen mehr als irgendwelchen intellektuellen Überlegungen (siehe Seite 56).

Gut 1800 Jahre später, genauer anno 1543, entschied Nikolaus Kopernikus, dass es so nicht weitergehen kann. Das geozentrische Weltbild hatte in seinen Augen schlicht versagt, weil es viele Dinge nicht erklären konnte. Mit seinem Werk »De Revolutionibus Orbium Coelestium«, an dem er ganze 25 Jahre geschrieben, es aber erst im Jahr seines Todes veröffentlicht hatte (von Kausalzusammenhängen ob negativer Presse ist in der Forschung nichts bekannt), brachte Kopernikus nun die Idee ins Spiel, dass die Planeten sich auf exakten Kreisbahnen um die Sonne herum bewegten.

Die Kirche schäumte, auch Luther blieb bibelfest beim alten All und noch Nietzsche klagte sehr viel später: »Seit Kopernikus rollt der Mensch aus dem Zentrum ins X.« Da wird die Krone der Schöpfung zum Ecksteher, zur Randexistenz im Universum. Jaja, da kaut man schon eine Weile dran.

Dann kam die Erfindung des Fernrohrs (ein gewisser Hans Lipperhey wollte anno 1608 ein Patent darauf anmelden, scheiterte aber an den Behörden; während er fortan in die Röhre guckte, protzte Galileo Galilei mit weitsichtigen Erkenntnissen) und damit war klar: Kopernikus hatte – fast – recht.

Was er nämlich nicht bedacht hatte, war, dass die Bahnen der Planeten um die Sonne keine exakten Kreisbahnen sind, auch wenn er sich das gewünscht hatte, gewissermaßen als die göttliche Form der Bahn, alles kreisrund. Stattdessen sind die Bahnen der Planeten Ellipsen.

Johannes Kepler brachte das vor, mathematisch, Galileo Galilei konnte es dann auch nachweisen, und mithilfe von Isaac Newtons Gravitationstheorie wurde auch dem letzten Tüffel langsam klar: Wir sind endlich in der Lage zu verstehen, was im Zentrum unseres Sonnensystems steht und wer jetzt hier um wen kreist: nämlich die Planeten um die Sonne, und zwar auf fast perfekten Bahnen. Und deshalb geht es uns hier so gut.

Duell der Supernasen

Tycho Brahe

Also, ich würde Tycho ja als den »zu früh Gestorbenen« bezeichnen. Tycho hätte nämlich mit dem Fernrohr … also, mit dieser Erfindung wäre er mit Sicherheit zum größten Astronomen *aller* Zeiten geworden. So ist er nur einer der großen geworden. Man könnte aber sagen, er war der präziseste Beobachter ohne Fernglas. Wobei er auch derjenige gewesen wäre, der diese Erfindung perfekt hätte nutzen können.

Sie kennen das ja aus der Oper oder auch vom Hochsitz. Kaum ist der potenzielle Sonntagsbraten in den Blick gerückt, kaum hat sich der nicht mehr ganz so jugendliche Heldentenor am Balkon hinaufgeschwungen und Sie warten nur noch auf das Erscheinen der Primadonna und haben in freudiger Erwartung das Opernglas oder eben den Feldstecher vors Auge gedrückt, da sehen Sie plötzlich nichts mehr.

Das mag daran liegen, dass wieder irgendjemand an der Einstellung herumgefummelt hat oder Ihre Nase einfach im Weg ist. Dieses Problem jedenfalls hatte Tycho nicht. Ihm war im Duell mit einem Kommilitonen selbige auf schmerzhafte Weise abhandengekommen. Zack und weg, aber nicht etwa wegen einer schönen Maid, sondern wegen einer mathematischen Formel.

Wenn also das Fernrohr schon erfunden gewesen wäre, wäre er vor allen anderen Astronomen seiner Zeit im Vorteil gewesen, weil er die Nase, also die Prothese, die er nun anstelle einer Nase trug, einfach hätte abnehmen und neben sich auf den Tisch legen können. Den Blick auf diese Weise völlig unverstellt, hätte er nur noch eine Datenmenge bewältigen müssen, die ungeheuerlich war. Und die ihn dazu gebracht hat, im 16. Jahrhundert ein Weltbild zu entwickeln, das zwischen dem geozentrischen (die Erde ist im Zentrum) und dem heliozentrischen (die Sonne ist im Zentrum) lag.

Bei ihm drehten sich alle Planeten um die Sonne, also fast alle, alle bis auf die Erde. Aber alles drehte sich wiederum um die Erde. Sein Weltbild entsprach dem nicht nur nicht, es war sogar dramatisch falsch.

Das störte eine ganze Weile aber nicht weiter, das hätte vielleicht sogar kein Schwein gemerkt, wäre Tycho nicht 1572 in eine große Krise gestürzt worden. In jenem Jahr entdeckte er am Himmel einen Stern, der da nicht hätte sein dürfen. Der völlig neu war. Eine Nova, und wie sich später herausstellte, sogar eine Supernova, ein Stern, der am Ende seines Lebens einfach so zerborsten war.

Für Brahe war das eine Katastrophe, denn in seinem Weltbild war am Himmel alles stabil, da kamen neue Sterne nicht einfach so dazu, immer blieb alles, wie es war. Das Einzige, was man sah, war, dass der Himmel sich um die Erde herum drehte, und sonst nichts. Insofern war ein neuer Stern, eine Nachricht vom Kosmos, eine Katastrophe für sein Weltbild.

Und wegen diesem Stern, und wegen vieler anderer Beobachtungen, an denen Tycho Brahe allerdings nicht mehr beteiligt war, die aber auf seinen Daten basierten, wurde das ganze astronomische Weltbild umgebaut. Brahe war einer der Urväter – ohne Nase, ohne es zu wollen und vor allem, ohne es zu wissen.

Der Knall macht's möglich

Supernova

Da krachts. Aber ganz ordentlich. Eine Supernova ist eine so gewaltige Explosion, da bleibt kein Stern mehr heil.

Da gibt es zwei Varianten. Erstens: riesengroßer Stern am Ende seines Lebens. Die Brennphasen bis zum Element Eisen sind durchlaufen, die Energiefreisetzung im Inneren ist zu einem Ende gekommen. Und der Stern ächzt unter seinem eigenen Gewicht und merkt: Jetzt ist es vorbei. Die äußeren Hüllen prallen auf die bereits entstandene Eisenkugel und werden zunächst zurückgefedert. War der Stern sehr schwer, dann wird es in seinem Inneren so heiß, dass sich spontan Paare aus Materie und Antimaterie bilden, die sich in Strahlungsenergie verwandeln und den Kern zum Kollaps bringen. Eine besondere Variante ist dabei die Paarinstabilitätssupernova. Da bleibt kein kompaktes Objekt über, sozusagen der geballte Rest des Sterns, nein, den zerreißt es gleich völlig.

Das Material wird ins Universum hinausgeschleudert – teilweise mit bis zu 20 000 Kilometern Geschwindigkeit pro Sekunde, wodurch der Materiekreislauf angeregt wird. Und bei dieser Explosion werden alle Elemente erbrütet, die schwerer sind als Eisen.

Haben Sie Gold an sich, in sich, um sich? Ja, das ist so ein Zeug, das nur dann entstehen kann, wenn ein Stern explodiert.

Das war jetzt die eine Variante einer Supernovaexplosion. Die andere Variante ist die kritische. Dabei geht es um einen kleinen Stern, einen ganz kleinen (Weißer Zwerg), der sich aber in der Nähe eines großen (Roter Riese) befindet. Und von diesem großen Stern immer wieder Material zu sich herüberzieht. Und so wächst der kleine Stern immer weiter. Und wenn er dann eines Tages zu schwer geworden ist, nämlich schwerer als 1,4 Sonnenmassen, dann zerreißt es ihn. Und zwar total. Da bleibt nichts mehr übrig. Überhaupt nichts mehr. Bei den ganz großen Sternen, da kann schon mal ein Neutronenstern übrig bleiben, der vielleicht eines Tages als Radiosignalgeber fungieren kann, als Pulsar. Bei den Kleinen ist es gleich ganz vorbei. Summa summarum ist es aber so: Beide Supernovae-Varianten (das ist jetzt Plural) sind essentiell wichtig dafür, dass es in diesem Universum überhaupt Lebewesen gibt.

Mit Karacho gegen den Tisch

Instabilität

Liegt ein Würfel auf 'nem Tisch ... Nein, das ist jetzt nicht der Anfang zu einer romantischen Geschichte aus dem Leben kantiger Mehräuger, und auch kein dusseliger Satz wie: Steht 'n Pferd auf'm Flur. Das hat ja jeder von uns schon mal erlebt.

Nein, ich meine das ganz ernst.

Also noch mal: Liegt ein Würfel auf dem Tisch ..., dann wird der Würfel, wenn der Tisch nicht urplötzlich und heimtückisch gekippt wird, für immer und ewig auf dem Tisch liegen bleiben. Das kann man nun langweilig finden oder auch nicht – als Würfel muss man das aushalten können. Wir wissen ja alle, dass Würfel, wenn sie nicht einer packt, in einen Becher steckt oder einfach auch nur so irgendwohin pfeffert, dass es quasi das Schicksal eines Würfels ist, in einem stabilen Gleichgewicht zu verharren. Beneidenswert eigentlich, dass so einen Würfel nichts aus der Ruhe bringen kann.

Da kann überhaupt nichts passieren, da wird auch nie etwas passieren, es sei denn, Sie laufen mit Karacho gegen den Tisch. Ansonsten ist und bleibt das alles richtig schön stabil. Steht allerdings ein Bleistift auf seiner Spitze auf dem Tisch, dann wissen wir alle: Der wird da nie und nimmer stehen bleiben. Und wenn er sich auf den Kopf stellt. Da nützt ihm auch ein Radiergummi auf dem Kopf nicht viel. Weil es einfach eine total instabile Situation ist, wird er sofort umkippen. In irgendeine Richtung.

Zwischen diesen beiden Extremen, nämlich der Bleistiftspitze und dem Würfel, können sich alle möglichen Prozesse abspielen. Es gibt dann zum Beispiel die Bewegungen eines Würfels auf seiner Kante – das wird natürlich schiefgehen und der Würfel wird sich plötzlich fühlen wie ein Bleistift und sofort umkippen; es gibt Bewegungen einer Kugel, die kann auf der Tischplatte herumkugeln …

Was ich damit sagen will: Ob etwas stabil oder instabil ist, hängt von vielen Einflüssen ab. Von der Beschaffenheit Ihrer Tischplatte, ob sie blank poliert ist oder klebrige Speisereste den Bewegungsdrang der Kugel behindern, ob Sie die Tischkante geschickt umrunden können oder sich gerne blaue Flecken schlagen … Nein, im Ernst: Es gibt Situationen, da reicht ein einziger Tropfen, und dann läuft, wie es so schön bei Asterix heißt, die Amphore über. Oder das Fass, wenn Sie gerade keine zur Hand haben.

Instabilität ist eine Frage der Bedingungen, die sich vorher erfüllt haben und die später in irgendeiner Art und Weise Auswirkungen darauf haben werden, wie sich ein System entwickelt. Ob die Welt stabil ist, können wir nur aus der Vergangenheit ablesen. Dass sie auch in Zukunft stabil sein wird, ist nur eine Vermutung. Aber irgendwann wird das in der Zukunft, die dann schon wieder auf eine neue Vergangenheit zurückblicken kann, schon jemand feststellen können.

Ob wir das allerdings noch erleben werden, steht auf einem anderen Blatt.

Glänzend elektrisch

Gold

Muss man eigentlich noch irgendetwas über Gold erzählen? Ich bitte Sie! Wir wissen doch alle, was Gold ist. Für Gold ist gemordet worden! Was hat man nicht alles unternommen, um an Gold heranzukommen. Man ist bis nach Alaska gezogen, um dort aus dem Sand und Kies der Flüsse noch die kleinsten Nuggets herauszuholen. Zu Zehntausenden strömten die Goldsucher damals in die Wildnis, holten sich in der Regel kalte und nasse Füße beim Herumpritscheln in eiskalten Bächen und hatten am Ende des Tages (wenn sie ihn denn noch erlebten) ein bisschen Goldstaub im Säckel. Bei größeren Funden im schlimmsten Fall noch ein Loch im Kopf (siehe oben). Durch einen gezielten Hieb mit der Spitzhacke oder der Schaufel.

Heute bohrt man tief in die Erde, um da ranzukommen. Oder nutzt das Anodenschlamm-Verfahren, das nur dem Namen nach etwas mit den ersten Goldsuchern zu tun hat. Und die Cyanidlaugerei. So eine Laugerei ist eine ziemlich unschöne Sache, eine regelrechte Umweltsauerei, weil man dabei mit Blausäure hantieren muss.

Jedenfalls: Wie man's dreht und wendet, Gretchens Satz »Zum Golde drängt, am Golde hängt doch alles. Ach, wir Armen!« stimmt bis heute.

Vor allem die Elektroindustrie wäre ohne Gold ganz schön arm dran. Gold ist nicht einfach nur ein Stoff, den man sich entweder in die Zähne oder in den Safe füllen oder an sich herunterhängen lässt. Gold ist eines der wichtigsten Elemente für die moderne Elektronik, weil es nämlich neben der glänzenden Eigenschaft zu glänzen auch glänzende elektrische Eigenschaften hat.

Jaja, das ist fantastisch! Es leitet Strom in einer Art und Weise, da müssen andere Elemente lange für warm werden. Das ist das eine. Dann ist es außerdem noch sehr ergiebig. Man kann nämlich aus einem Gramm Gold einen drei Kilometer langen Draht ziehen, wenn man vorsichtig ist. Aber das ist jetzt nicht so wichtig. Entscheidend für unser Thema ist, dass Gold ein Rohstoff ist und nicht ein Stoff, aus dem Juweliere irgendwelche wunderbaren Kostbarkeiten machen. Und zwar ein ganz essentieller Rohstoff, der fast nicht zu ersetzen ist.

Die besonderen Eigenschaften dieses Edelmetalls kommen dadurch zustande, dass es eine bestimmte

Menge an leitfähigen, außerordentlich mobilen elektrischen Ladungsträgern besitzt. Nicht zu viel und nicht zu wenig. Gold ist eben kein Halbleiter und auch kein Nichtleiter, sondern ein extrem guter elektrischer Leiter, der sehr, sehr schnell reagieren kann und in einem elektronischen Gerät von allergrößter Wichtigkeit ist. Schmeißen Sie also auf keinen Fall Ihr Handy weg. Gucken Sie erst rein und sehen Sie zu, dass Sie an das Gold rankommen!

Elementare Bückware

Seltene Erden

Noch nie was von Seltenen Erden gehört? Ist das jetzt 'ne seltene Erde? Nee. Es geht nicht um Exoplaneten, das machen wir ein anderes Mal. Nein, es geht um eine besondere Kategorie der chemischen Elemente, um eine besondere Klasse, die sich dadurch auszeichnet, dass sie eben selten ist. Wobei sie soo selten nun auch wieder nicht sind. Man hat sie nur deswegen »Seltene Erden« genannt, weil man sie früher so selten gefunden hat. Und das, obwohl die seltensten Elemente der Seltenen Erden immer noch häufiger vorkommen als Gold oder Platin. Hatten die früher einfach Tomaten auf den Augen? Man weiß es nicht. Aber das hat sich Gott sei

Dank inzwischen gebessert. Heute weiß man, dass sich hinter dem Begriff »Seltene Erden« Elemente verbergen wie Scandium und Yttrium oder Lanthanoide wie Terbium, Dysprosium, Erbium und Lutetium.

Jetzt werden Sie sagen: Was ist denn das? Böhmische Dörfer? Oder gar gallische? Ist ja auch kein Wunder, dass Sie das nicht wissen, es sei denn, Sie beschäftigen sich intensiv mit der Frage, woraus eigentlich die Technologie ist, die wir tagtäglich benutzen. Computer, Handy, Automatisierungsgeräte, Geräte, die uns überwachen, digitale Elektronik allüberall – und für all diese Schaltungen – vor allem, wenn sie besondere Eigenschaften haben sollen, wenn sie bei besonderen Temperaturen richtig funktionieren sollen oder bei besonderem Druck – braucht man Legierungen mit Seltenen Erden. Also nicht nur die Halbleiter sind wichtig für digitale Elektronik, sondern auch noch diese Seltenen Erden.

Und jetzt wird's schwierig: Je seltener das alles wird, umso schwieriger wird es nämlich, diese Stoffe auch wirklich zu beschaffen. Viele dieser Elemente der Gruppe »Seltene Erden« sind sehr wichtig, aber eben auch sehr selten. Das heißt, es wird für uns immer schwieriger und schwieriger, an die Stoffe heranzukommen, die wir eigentlich brauchen, um unser Leben gewissermaßen am Leben zu halten.

Wenn man sich mal überlegt, wovon wir heute schon alles abhängig geworden sind, welche Kontrollmechanismen durch digitale Elektronik vollzogen werden – und dann kennen wir diese Stoffe noch nicht einmal!

Früher, ja, früher war alles einfach. Am Anfang, da war einfach Steinzeit – da war's Stein. Dann kam die Eisenzeit, und da war's Eisen. Inzwischen haben wir die Erdölzeit, aber da sind wir gerade dabei, die abzubauen. Laufen wir also auf eine Zeit zu mit ganz neuen Rohstoffen? Keine Ahnung. Die Seltenen Erden sind ein Beispiel dafür, dass tatsächlich mal Dinge komplett ausgehen können.

Standleitung zu Pamela

Halbleiter

Kennen Sie das? Die Party ist in vollem Gange, das pralle Leben tobt, und Sie sind mittendrin. Aber nur fast. Sie stehen gewissermaßen nicht nur neben sich, sondern auch neben den anderen. Genau dazwischen. Ab und zu erhaschen Sie den Zipfel einer Konversation, aber weil Sie so ungeschickt dazwischen stehen, kriegen Sie natürlich auch nur die Hälfte mit.

So geht es den Halbleitern. Die stehen auch immer genau dazwischen. Und zwar zwischen Nichtleitern und Leitern. Und zwar nicht nur alle paar Wochen, wenn einer der anderen Leiter Geburtstag hat, sondern dauernd. Das ist das Schicksal der Halbleiter. Nichts Halbes und nichts Ganzes, das aber dann ganz.

Aber nicht, dass Sie mich jetzt missverstehen. Ich rede hier keineswegs von Steighilfen, mit denen man Wollmäusen im hintersten obersten Eck des Einbauschrankes zu Leibe rücken kann. Nein, hier dreht es sich nicht um Stufen- oder Trittleitern, sondern um elektrische Leiter.

Elektrische Leitung bedeutet ja die Beweglichkeit von elektrischen Ladungsträgern. Nehmen wir mal die Nichtleiter. Bei Nichtleitern sind die elektrischen Ladungsträger offenbar nicht besonders beweglich, sonst würde der Stoff ja leiten. Also zum Beispiel Kohlenwasserstoff – ein Stück Holz – leitet den Strom sehr schlecht. Da muss man schon richtig viel Strom durchziehen, damit so ein Stück Holz anfängt, Strom zu leiten – und kaum tut es das, fängt es auch schon an zu brennen.

Dann haben wir die Leiter. Das sind die Metalle. Da gibt es sehr, sehr viele Ladungsträger, die beweglich sind – Kupferdraht zum Beispiel, der leitet den Strom wie verrückt. Und dann gibt es dazwischen eben die sogenannten Halbleiter. Das sind Festkörper, die können leiten, können es aber auch bleiben lassen.

Wie kommt das? Woran liegt das? Nun, die Halbleitereigenschaften in Stoffen wie Silizium und Germanium, kann man sich gut merken, gehen auf ihre chemischen Bindungen und ihren atomaren Aufbau zurück. Germanium und Silizium haben ganz ähnliche Eigenschaften wie Kohlenstoff. Nur: Silizium macht Kettenmoleküle nur bei sehr niedrigen Temperaturen – also nicht wie Kohlenstoff, der macht die ja überall. Da ist es etwas eigen, das Silizium. Weshalb es aber auch die Nase vorn hat bei der modernen Technik.

Silizium und Germanium sind nämlich Stoffe, die in den Transistoren in der Digitalelektronik verwendet werden, weil man sie, bedingt durch ihre kristalline Struktur, dazu bringen kann, mal zu leiten und mal nicht. Und das ist besonders wichtig, wenn es um Technologien geht, bei denen die Schaltvorgänge sehr schnell sind. Früher hatte man ja diese schönen Gasröhren; das war sozusagen analoge Schalttechnik. Da musste das Gas erst erwärmt werden, dann konnte man langsam den Strom hochfahren und schon hatte man einen ganz weichen Übergang. Heutzutage haben wir digitale Schalttechnik. Digital heißt eins, null, an, aus. Und für diese schnellen Schaltungen braucht man Halbleiter. Noch haben wir genug davon. Es könnte aber eines schönen Tages sein, dass wir viel zu viel davon verbraucht haben. Dann müssen wir uns etwas Neues überlegen und Silicon Valley braucht dringend einen neuen Namen. Übrigens wird das Englische *silicon = Silizium* hierzulande fälschlicherweise gerne mit »Silikon« übersetzt. Bei Star Trek und den Simpsons hat das – ganz unabhängig von Pamela Anderson – zu der Frage geführt: »Besteht diese Lebensform aus Kohlenstoff oder aus Silikon?« Aber das ist jetzt purer Kohlenstoffchauvinismus.

Die Bindungsfähigkeit der Bleistifte

Kohlenstoffkreislauf

Der Kohlenstoffkreislauf ist einer von mehreren großen Kreisläufen zwischen Himmel und Erde, also zwischen der Atmosphäre, der Erdoberfläche und den Meeren. Es gibt eine Art des Austauschs, die Sie alle kennen: die Sache mit dem Wasser. Wasser wird erwärmt, verdampft und steigt auf, kondensiert, fällt wieder als Regen runter, wird im Gestein irgendwo deponiert, fließt ins Meer zurück, verdampft wieder und so weiter und so fort. Bei Wasser ist das ja noch ganz einfach, auch wenn hier bereits Kohlenstoff beteiligt ist. Nämlich über das Kohlendioxyd, das durch den Regen aus der Atmosphäre ausgewaschen wird und dann teilweise unten im Gestein aufbewahrt werden kann, manchmal dort bleibt, manchmal aber auch wieder mit ins Wasser geschleppt werden kann.

Der Kohlenstoff nimmt aber nicht nur an diesem Kreislauf teil. Das wäre ja auch langweilig. Nein, er muss seine Nase einfach in jeden Kreislauf hineinstecken. Auch in Ihren. Also den körpereigenen jetzt. Kohlenstoffverbindungen bilden nämlich die Grundlage allen irdischen Lebens.

Wussten Sie, dass Ihr Körper genügend Kohlenstoff enthält, um 9000 Bleistifte zu verminen? Da kann jeder Schreibwarenladen einpacken, das reicht bis an Ihr Lebensende. Und der Satz »Morgenstund hat Blei im A...« bekommt eine völlig neue Gültigkeit. Mit 9000 Bleistiften im Hintern kommt man ziemlich schlecht aus den Federn.

Dem Kohlenstoff ist das schnuppe, der kennt sich aus mit schweren Brocken, allein schon deshalb, weil er auch am großen Gesteinskreislauf teilnimmt, nämlich da, wo die Platten untereinander ins Erdinnere absinken. Dabei wird Kohlenstoff mit ins Erdinnere abtransportiert. Kohlenstoff ist übrigens auch am großen Stickstoffkreislauf beteiligt. Kohlenstoff ist überhaupt das Element, das am allerallerintensivsten in allen Kreisläufen mitmischt.

Das hat einfach damit zu tun, dass Kohlenstoff so wahnsinnig bindungsfähig ist. Es gibt nichts Bindungsfähigeres im ganzen Universum als Kohlenstoff. Kohlenstoff macht Verbindungen mit sich selbst und mit allen anderen auch, mal in Kettenform, mal in Ringform oder als Doppel- und Dreifachverbindung, und deswegen ist die organische Chemie, die Kohlenstoffchemie, die variantenreichste im gesamten Universum. Sieht man ja schon an uns und unserer Bindungsfähigkeit.

Balz der Spätzünder

Siliziumlebewesen

Die Standardfolklore unter den Wissenschaftlern ist: Leben gibt es nur mit Kohlenstoff. Weil nur Kohlenstoff lange Kettenmoleküle macht, also Verbindungen von Kohlenstoff mit sich selbst. Kohlenstoffatome lieben sich gewissermaßen sehr. Gegenseitig. Sie können natürlich auch noch andere Verbindungen haben, zu Sauerstoff, zu Wasserstoff und Stickstoff, aber Kohlenstoffmoleküle sind tatsächlich das Rückgrat des Lebens, wie wir es kennen.

Jetzt gibt es aber noch ein anderes Element, das im Prinzip ebenfalls solche Kettenmoleküle macht. Nämlich Silizium. Rein theoretisch könnte man sich jetzt ja überlegen, aus Silizium Lebewesen zu kreieren. Könnte das klappen?

Silizium macht Kettenmoleküle nur bei sehr, sehr niedrigen Temperaturen. Stellen Sie sich Folgendes vor: Nehmen wir an, wir haben ein Kohlenstoffmännchen und übersetzen dieses Kohlenstoffmännchen in ein Siliziumlebewesen, das nur bei sehr niedrigen Temperaturen überhaupt existieren kann. Dieses Siliziummännchen sieht jetzt ein Siliziumweibchen auf der anderen Straßenseite und denkt sich: »Boah!« Nur das. Sonst nichts.

Also im Vorderhirn eines Siliziummännchens passiert das, was sich auch im Vorderhirn eines Kohlenstoffmännchens abspielt, nur eben bei niedrigeren Temperaturen. Bei niedrigen Temperaturen ist die Chemie aber sehr langsam. Deswegen lagern wir empfindliche Lebensmittel in der Kühltruhe. Und deswegen kann man sich ausrechnen, dass alleine nur dieses »Boah!« des Siliziummännchens zum Siliziumweibchen ungefähr 600 Millionen Jahre braucht. Sex zwischen einem Siliziumlebewesen und einem anderen Siliziumlebewesen wäre deswegen eine sehr langsame Angelegenheit und würde länger dauern, als das Universum alt ist. Schöne Aussichten.

Haarige Sache

Testosteron

Das ist ja *das* Hormon des Mannes. Also das Hormon, das uns Männer zum Manne macht und für all das herhalten muss, das uns vom Weibe trennt. Im übertragenen Sinn jetzt, auch wenn Ihre Ehekrise möglicherweise ebenfalls damit zusammenhängen könnte.

Aber wussten Sie, dass uns Testosteron sogar lustig macht? Jaja, wir Männer sind nur deswegen so große Witzereißer! Kennen Sie ja sicherlich, die Situation:

Große Runde und einer oder auch mehrere machen den Mund auf und versuchen lustig zu sein, also richtig schön lustig, und dann sagt einer, kennt ihr den?

Das ist der kürzeste Witz der Welt und der geht so:

»Treffen sich zwei Jäger.«

Haha.

Und warum macht man das als Mann? Man kann quasi gar nicht anders, wegen dem Testosteron. Männer haben übrigens eine zehnmal höhere Testosteronkonzentration im Blut als Frauen. Daraus jetzt Rückschlüsse zu ziehen auf den Humor wäre übrigens ein Witz aus der Rubrik Männer-erzählen-einen-Witz-und-sind-lustig. Und hoffen, dass sie damit Eindruck machen, guten Eindruck. Also nicht durch aggressives Auftreten oder so, nein, man setzt die Aggressivität einfach in Humor um. Humor wäre damit sozusagen testosterongesteuert.

Das ist schön. Nun hat aber Testosteron leider auch Nachteile. Es sorgt zum Beispiel für Haarausfall und viele andere unschöne Sachen, die Mann gerne kaschieren würde. Die einen tun das mit dieser eigentümlichen Frisiermethode. Sie wissen schon: An einer Seite ganz lang wachsen lassen und dann mit jeder Menge Haarcreme von rechts nach links oder von links nach rechts über die Platte gekleistert. Die anderen tun das mit dicken Autos. Mir ist bei der Untersuchung des Begriffs Testosteron gleich der Name eines ganz bestimmten Wagens ins Gedächtnis geschossen. Es gibt ja diesen italienischen Sportwagen namens Testarossa. Na? Klingelt es schon? Was sich die Italiener wohl dabei gedacht haben, dass sich Testosteron im Namen dieses Wagens widerspiegelt? Konnten sie dabei überhaupt noch denken? Und wenn man dann mal sieht, wie ein testosterongesteuerter Homo sapiens einen Testarossa fährt, dann merkt man schon, wie das Sichbewegen in einer Welt so … gesteuert wird. Und das war jetzt kein Witz.

Und das alles in zehn Minuten!

Mobilität

Mobilität, lateinisch *mobilitas*, hat ganz grundsätzlich etwas mit Bewegung zu tun. Etwas bewegt sich von A nach B, von einem Ort zum anderen. Das können Menschen sein oder elektrische Teilchen, Informationen, Waren oder Gedanken. Mobilität ist die Grundlage dafür, dass intelligente Lebewesen ihren gesamten Planeten als das erfahren, was er ist. Nämlich ihre Heimstatt. Und sie ist die Grundlage für Wohlstand. Denn nur wenn man Handel betreiben kann, wenn man auf der Suche nach neuen Nahrungsquellen beweglich und mobil ist, kann sich eine Spezies, zum Beispiel die Gattung Homo, tatsächlich immer weiter entwickeln. Mobilität gehört zu uns Menschen wie fast nichts sonst. Wir sind das Tier, das sich bewegt. Und zwar immer weiter und weiter und weiter.

Übrigens ist das Tempo der menschlichen Mobilität gar nicht so groß gewesen, wie man meinen könnte. Als wir damals aus Afrika losgezogen sind, da brauchten wir runde 2000 Generationen, um den gesamten Planeten Erde komplett zu erobern. Zum Glück geht das heute schneller. Also zumindest in Bayern. Da sind ja inzwischen sogar Bahnhöfe mobil. Und in die kann man auch einsteigen, um irgendwohin zu fliegen. Und das alles in zehn Minuten!

»Wenn Sie vom Flug … vom … vom Hauptbahnhof starten – Sie steigen in den Hauptbahnhof ein, Sie fahren mit dem Transrapid in zehn Minuten an den Flughafen in … an den Flughafen Franz Josef Strauß. Dann starten Sie praktisch hier am Hauptbahnhof in München. Das bedeutet natürlich, dass der Hauptbahnhof im Grunde genommen näher an Bayern … an die bayerischen Städte heranwächst.« Aber Herrschaften! Was wird denn dann aus uns? Wie sollen wir uns denn schützen vor all diesen heranmobilisierenden Bahnhöfen? Da kann man schon unter die Räder kommen, wenn man nicht aufpasst. Und zehn Minuten sind ja auch wirklich keine Zeit, um sich in Sicherheit zu bringen. Bei dem Tempo, das wir bislang an den Tag gelegt haben, sieht die Sache schlecht aus! Also für uns jetzt, nicht für unseren Planeten. Der dürfte sich freuen, dass ihm der Transrapid, die Krone der Mobilität, die Arbeit erleichtert. Den kennen Sie doch, oder:

Treffen sich zwei Planeten.

Sagt der eine: Wie geht es dir?

Sagt der andere: Oh, nicht so gut. Ich hab Homo sapiens.

Darauf der andere: Mach dir nichts draus, das geht vorbei …

Alter Knochen

Out-of-Africa-Hypothese

Woher kommt der Mensch? Ist er an vielen Orten der Erde gleichzeitig entstanden (das wäre das multiregionale Modell) oder ist er von einem Punkt aus losgewandert? Letzteres sagen die Vertreter der Out-of-Africa-Hypothese. Aber warum hätte die Gattung Homo ihre schöne Farm am Fuße der Ngong-Berge verlassen sollen? Ist doch schön dort! Und die hatten ja auch gar keine Ahnung, was sie hinter dem nächsten Hügel erwarten würde! Haben sie es bereut? Man weiß es nicht. Jedenfalls muss der Afrikaner einen Grund gehabt haben, dass er sein Ränzlein schnürte. Denn genau das hat er getan.

Die Gattung Homo ist zweieinhalb Millionen Jahre alt, zumindest ist der älteste Schädel, den man bislang gefunden hat, so alt. Der moderne Homo sapiens ist in etwa 500 000 Jahre alt, und der, den wir heute kennen, ist etwa 70 000 Jahre alt. Und der ist definitiv in Ostafrika losgegangen. Der ist da entstanden und von dort aus mit einer Geschwindigkeit von ein paar Kilometern pro Jahr losgezockelt. Aber wenn man sich für eine Wanderung etwas Zeit lässt, läppert sich das in tausend Jahren ganz schön. Jedenfalls kam er via Indonesien nach Australien und irgendwann, als es ihm in Sibirien zu kalt wurde, hat er (nach 12 000 Jahren Wanderschaft) Amerika erobert.

So weit die Reiseroute. Aber wer hat denn nun auf den Tag vor 72 000 Jahren gesagt, Kinder, wir packen's? Lag es am Protein? Das aß der Afrikaner ja schon damals recht gerne, und zwar in Form von Fleisch. Jetzt waren die Herden aber auch anno Tobak nicht blöd – die wollten sich nicht auffressen lassen, nicht von befellten Vierbeinern und schon gar nicht von Zweibeinern, und zogen gen Norden.

Die Gattung Homo hatte sich ja anfangs noch mit dem begnügt, was der Löwe übrig ließ, irgendwann aber selbst so viel Hirn entwickelt, dass sie des Jagens mächtig wurde. Und dann schlug sie gleich richtig zu (oder vielmehr stach zu), sodass mit der Zeit der Bestand von Proteinlieferanten ziemlich dezimiert wurde. Und die anderen, die waren ja eh schon weg.

Aber nur dem Fleisch hinterherrennen, reicht das als Motivation? Zu viel Fleisch ist ja auch ungesund ... Warum also ist der Afrikaner (also wir alle, weil wir sind schließlich alle Afrikaner und hatten gewissermaßen eine Mutter, aber dazu gleich mehr) nicht in Afrika geblieben?

Tja. Es gibt eine Theorie, die Ihnen diese Frage ganz klar beantworten kann. Da können Sie den Ärger über das bisschen Flugverkehrbehinderung aus Island getrost runterschlucken …

Pille-Palle-Eyjafjallajökull

Toba

Heute auf den Tag genau vor 72 000 Jahren ist auf Sumatra ein Vulkan ausgebrochen. Und zwar nicht *irgendein* Vulkan, sondern der größte Supervulkan der letzten zwei Millionen Jahre. Den Toba hat es dermaßen zerrissen, so was hat der Mensch noch nicht gesehen. Und die, die es gesehen haben, haben das nicht überlebt. Tatsächlich geht die Theorie der Toba-Katastrophe davon aus, dass die gesamte Population des Homo sapiens bis auf wenige tausend Individuen am Äquator durch den Ausbruch ausgelöscht wurde.

Die Folgen waren dramatisch: Der Ascheregen verdunkelte den gesamten Planeten über lange Zeit, die Temperatur sank weltweit um 18 Grad und der Schaden für komplexere Lebewesen – zählen wir uns für einen winzigen Augenblick dazu – war enorm. Wir leiden im Grunde heute noch darunter. Unsere buckligeVerwandtschaft ist nämlich größer, als wir denken. Egal, wo wir hingehen, die anderen sind schon da. Also die anderen Sprösslinge der sieben Mutterlinien, auf die wir zurückgehen.

Ja, *sieben.* Das nenne ich nun wirklich genetische Homogenität. Sieben Mutterlinien sind für 72 000 Jahre schon ganz in Ordnung. Aber für die 500 000 Jahre, die unsere Spezies schon auf dem Buckel hat, würde man doch ein bisschen mehr erwarten. Dass man nicht mehr gefunden hat, liegt wahrscheinlich daran, dass nur ein paar tausend Menschen durch den genetischen Flaschenhals nach der Toba-Explosion durchgegangen sind. Und wenn man die jetzt mal bei Lichte betrachtet, stellt man fest: Erstens, die genetische Vielfalt ist am größten in Afrika. Je weiter weg, je spärlicher. Ergo haben unsere reiselustigen Vorfahren tatsächlich auf ihrem Weg etwas abgebaut. Genetisch gesehen. Geht ja auch gar nicht anders, wenn immer nur dieselben miteinander ...

Zweitens, anhand der Mitochondrien-RNA von unserer Ur-Mutti (der mitochondrialen Eva, die vor geschätzten 200 000 Jahren gelebt haben soll), die ihren genetischen Fingerabdruck auf unserer RNA hinterlassen hat, lässt sich unser aller Ursprung nach Afrika zurückverfolgen.

Jetzt gibt es natürlich auch eine Vaterlinie über das Y-Chromosom. Und die weist auch zurück nach Afrika, allerdings nur gut 60 000 Jahre. Tja, meine Herren. Das tut weh, oder? Aber aus Afrika kommen wir alle.

Muss das sein, das Überbein?

Vererbung

Man kann ja vieles erben. Einen Koffer mit dem Ersparten von Tante Erna, eine Villa oder Schulden. Man kann aber auch Senk-Knick-Spreiz-Füße erben oder das Muttermal, das auch Mutti schon hatte.

Bei der Vererbung geht es um die alles entscheidende Frage: Wie kommt es eigentlich, dass Kinder ihren Eltern so ähnlich sind? Wie kommt es zur Transformation von genetischer Information?

Die Vererbung basiert letztlich auf einer ganz einfachen, aber im Grunde genommen außerordentlich wunderbaren Art und Weise der molekularen Biografie. Da wird von einem Molekül etwas abgeschrieben. Also quasi Unterschleif. Von der DNS (die hat ihre Hausaufgaben gemacht) wird eine bestimmte Kombination von Molekülen abgeschrieben und kopiert und an anderer Stelle wieder zusammengebaut. Und zwar genau in der Reihenfolge, in der sie abgeschrieben worden ist.

Beide Elternteile tragen jeweils zu 50 Prozent bei. Wir können also nicht sagen, das habe ich nur von meinem Vater oder meiner Mutter, sondern man ist tatsächlich immer eine Neukombination. Jeder Mensch auf der Welt, jedes Tier, jede Pflanze ist eine Neukombination.

Jetzt gibt es neben der Vererbung von genetischen Informationen auch noch die Vererbung von Informationen überhaupt. Von Mensch zu Mensch – das ist sozusagen die Lehrer-Schüler-Situation –, die ist aber nicht besonders effektiv. Die effektivste Form der Informationsübertragung von einer Generation zur anderen ist die kulturelle Vererbung. In diesem Sinne könnte man praktisch sagen, dass Universitäten, Schulen und Kindergärten, die DNS und die RNS alle unmittelbar darauf abzielen, Informationen in die Zukunft zu transportieren und neue Möglichkeiten zu erschließen. Eine einzige Bildungsoffensive, diese Vererbung.

Im Sinne von verstorben

Biodiversität

Das Diverse ist ja auch das Verschiedene und das Verschiedene steht auf allen Tagesordnungen immer ganz unten, ist also einer der allerletzten Punkte, bevor angekündigt wird, wann die nächste Sitzung stattfindet. Die Biodiversität sollte allerdings ganz oben auf der Tagesordnung stehen. Denn sie beschreibt die Möglichkeit eines biologischen Systems, sich anzupassen und zu verändern.

Es gibt verschiedene Ebenen der Biodiversität: die genetische Ebene, also das, was im Bereich der Makromoleküle an Möglichkeiten zur Verfügung steht. Es gibt die Artenvielfalt – wobei die nicht unmittelbar etwas mit Biodiversität zu tun hat, sondern eher eine Unterabteilung der biologischen Diversität darstellt; und dann gibt es noch die Ökosystem-Biodiversität. Das heißt, ein System besteht aus unterschiedlichen Öko-Teilsystemen. Und dazu kommt schließlich noch die funktionelle Biodiversität, bei der sich alles darum dreht, was in einem System alles an Funktionen erreicht werden kann, was in Zukunft möglicherweise aufgebaut werden kann und wie eine Anpassung an die Umwelt über die Bühne gehen kann.

In anderen Worten (die ich mir aus dem Übereinkommen über biologische Vielfalt CBD entliehen habe): »Biodiversität bezeichnet die Variabilität unter lebenden Organismen jeglicher Herkunft, darunter Land-, Meeres- und sonstige Ökosysteme und die ökologischen Komplexe, zu denen sie gehören. Dies umfasst die Vielfalt innerhalb der und zwischen den Arten und die Vielfalt von Ökosystemen.« Das ist jetzt nicht so einfach, oder?

Egal, weiter im Text: »Sie bezieht sich entsprechend auf alle Aspekte der Vielfalt in der lebendigen Welt. Sie ist eine Lebensgrundlage, weshalb ihre Erhaltung von besonderem Interesse ist.«

Aha! Da kommen wir der Sache schon näher. Beim Thema »Verschiedenes«, also Diverses, fällt einem natürlich sofort ein, dass es im Deutschen den Ausspruch gibt: »Er ist verschieden« – also im Sinne von verstorben jetzt. Sie meinen, das führt zu weit? Das sehe ich etwas anders. Wenn es uns nämlich nicht gelingt, die Biodiversität ganz oben auf die Tagesordnung zu setzen, dann könnte das eines Tages tatsächlich bedeuten, dass wir verschieden sind. Dann sind wir nämlich nicht mehr da.

Rette sich, wer kann

Hypoxie

Na? Letzte Nacht mal wieder richtig über die Stränge geschlagen? Und heute pfeifen Sie aus dem letzten Loch? Und geraten vor allem beim Treppensteigen völlig aus der Puste? Sie könnten sich in diesem Fall ja unter ein Sauerstoffzelt begeben, sollten Sie gerade eines zur Hand haben.

Das Meer kann das nicht. Ist ja auch nachvollziehbar, wer könnte so ein Riesenzelt auch anfertigen? Und außerdem, wo sollte man da die Heringe hineinschlagen? Die, also die gleichnamigen Fische, gibt es übrigens in einem Meer, das unter Hypoxie leidet, schon gar nicht mehr. Wenn es ein Gewässer, das muss jetzt nicht zwangsläufig das Meer sein, hypoktisch richtig schlimm erwischt hat, dann heißt das für seine aquatischen Bewohner: Todeszone, rette sich, wer kann! Und wer das nicht kann, und das sind die meisten, der muss damit leben, dass da nichts mehr lebt und er selbst auch bald nicht mehr zu den Lebendigen gehört.

Das ist kein schöner Anblick. Nicht nur, weil man da nichts mehr sieht. Nein, der Anblick einer solchen Region ist schlicht eine Katastrophe.

Was ist da passiert? Solche Todeszonen sind in der Regel hundert bis zweihundert Meter unter dem Meeresspiegel, meistens in Küstenbereichen, zu finden. Da ist alles wie ausgestorben, im wahrsten Sinne des Wortes. Weil Sauerstoff fehlt. Normalerweise ist der Sauerstoffgehalt eines Gebietes im Wasser wohl definiert. Gewissermaßen durch die Strömungen, die in dieses Gebiet hineinfließen. Kaltes Wasser transportiert zunächst jede Menge Sauerstoff hinein; wenn es dann erwärmt wird, wird es wieder davongetragen, und so reguliert sich der Sauerstoffgehalt auf ganz natürliche Art und Weise.

Wenn aber – durch bestimmte Strömungsmuster verursacht – auf einmal diese Kaltwasserströmungen gestört werden, dann sinkt der Sauerstoffgehalt nicht nur ab, es gibt auch keine Nachlieferung. Und die Dame von der Störungsstelle geht mal wieder nicht ans Telefon. Auch wenn sich die Biomasse, also der Hering und seine Freunde, auf den Kopf stellen. Das sollten sie auch eigentlich bleiben lassen, denn dadurch verbraucht die Biomasse im Wasser ja noch zusätzlich Sauerstoff. Und dann wird's richtig eng. Die Algenblüte freut's jedenfalls, die Bakterien, die die Algen zersetzen, auch (die atmen dabei natürlich ganz tief ein) – und der Rest tut langsam, aber sicher den letzten Schnaufer.

Das heißt, wir haben es hier mit zwei Bewegungen, zwei Ursachen zu tun, die das Gleiche machen: Sie verringern den Sauerstoffgehalt. Und wenn der Sauerstoffgehalt erst einmal unter einen kritischen Wert gefallen ist, ja, dann ist guter Rat teuer. Denn schlagartig wird alles Leben in diesem Gebiet sterben. Ist es da beruhigend zu wissen, dass man nicht allein auf dem Friedhof der Meerestiere liegt? Der erstreckte sich 2008 nämlich schon auf 245 000 Quadratkilometer. Jeder Hering hat sozusagen die Wahl, in welcher der 400 Todeszonen er eingeht.

Wissen, was morgen zählt

Zensus

Sollten Sie sich eines langweiligen Tages einmal auf die unerhört aufregende Webseite des Statistischen Bundesamts verirren und dabei auf den Begriff Zensus stoßen, werden Sie Folgendes erfahren: Der Zensus ist eine Erhebung – also kein Berg jetzt, den Sie besteigen könnten, sondern eher einer aus allerlei Zahlen, den Beamte dann wieder abtragen müssen. Er ermittelt, wie viele

Lebewesen irgendwo leben, wie sie wohnen, arbeiten und dergleichen. »Volkszählung war gestern, Zensus ist morgen« ist da zu lesen, und weiter: »Wissen, was morgen zählt.«

Ja, Herrschaften!, das würde ich auch gerne wissen, was morgen zählt.

Noch interessanter ist aber, wer denn da alles so wen zählt. Der »Census of Marine Life« zum Beispiel, das ist nämlich eine Volkszählung der Lebewesen im Meer. Das hört sich so einfach an, ist aber unglaublich kompliziert.

Lebewesen auf dem Land zu zählen, das ist ja relativ klar. Man nimmt das Lebewesen, wenn es sich denn nehmen lässt, und kann es dann ganz leicht zählen, weil man es ja direkt vor sich hat. Was die Sache ungemein erleichtert, ist die Tatsache, dass man selber als Zählender in dieser Umgebung relativ gut beweglich ist.

Aber wie zählt man Lebewesen im Meer? Bei deren hoher Beweglichkeit einerseits und bei diesem riesigen Volumen, das man da untersuchen muss, andererseits. Erinnern Sie sich doch bitte mal an letztes Weihnachten und Ihre verzweifelten Versuche, den Karpfen in der Badewanne zu packen. Und das war jetzt nur einer und so eine Badewanne ist ja auch ein begrenzter Raum. Das Meer aber ist ein gewaltiger Lebensraum, in dem wir nicht unbedingt eine souveräne Figur machen, zumindest nicht in einer gewissen Tiefe.

Und noch dazu wissen wir von dem Lebensraum im Meer immer noch fast nichts. Früher dachte man, in den ersten 200 Metern Tiefe, da lebt was, und im Rest, ja, da ist alles tot. Heute wissen wir, bis in eine Tiefe von elf Kilometern findet man überall Leben. Und es ist nichts davon bekannt. Letztlich. Der »Census of Marine Life« will damit nun aufräumen und ganz genau herausfinden: Was lebt im Meer? Wer sind die, und wenn ja, wie viele?

Und das ist leider Gottes extrem schwierig zu beantworten. Tatsächlich fehlen sogar die Instrumente dafür. Man kann ja nicht einfach einen mobilen Anmeldeschalter da unten installieren, den Fischen und anderem Getier aus den Untiefen der Meere dann per Megaphon mitteilen, dass sie jetzt bitte schön eine Nummer ziehen, sich ordentlich anstellen und sich dann abstempeln lassen sollen. Ganz abgesehen davon, dass so ein Stempel sicher nicht gut auf den Schuppen hält. Außerdem könnten all diese Kopffüßer berechtigterweise einwenden: Wie sieht denn das aus? Mit dem Gesicht einmal durch das Stempelkissen …

Nein, so geht das nicht. Trotzdem geben die Fischzähler nicht auf, schicken ferngesteuerte Unterwasserautos und Echolotgeräte in die Tiefen, mit denen sie vorbeirauschendes Getier quasi blitzen und registrieren können. Inzwischen sind ihnen schon fast 18 000 Tierarten in die Kartei geraten, der Großteil davon war bislang unbekannt. Und das ist schon mal sehr überraschend.

Wenn man sich überlegt, welche Bedeutung das Meer für das System Erde hat, dann ist es eigentlich ein Skandal, dass wir so wenig über diesen riesigen Lebensraum wissen. Da unten gibt es wirklich tolle Sachen, wie zum Beispiel einen Röhrenwurm vom Typ Lamellibrachia. Der kann aus Körperöffnungen sogar Rohöl sprudeln lassen, wenn er vorher einen kräftigen Schluck aus der Brent Spar genommen hat. Wohl bekomm's. Also: Volkszählung im Meer ist eine absolut wichtige Angelegenheit.

Unter Strom

Raumfahrende Fische

Gibt es eigentlich raumfahrende Fischzivilisationen?

Eine meiner Lieblingsthesen ist ja, dass die Naturgesetze, die wir von der Erde kennen, überall im Universum gültig sind. Nun denken wir uns einmal einen Planeten, der komplett von Wasser umgeben ist. Und in diesem Wasser leben natürlich Fische, also Lebewesen, die nur unter Wasser leben können. So weit, so gut.

Was ist nun aber die Voraussetzung für eine ordentliche Raumfahrttechnologie? Elektrizität. Vor allen Dingen Hochspannung. Um überhaupt erst so eine Rakete aus dem Meer herauszubringen, braucht man naturgemäß einen ordentlichen Antrieb. Und der wird elektronisch gesteuert.

Hohe elektrische Spannungen sind ja an sich nichts Ungewöhnliches. Aber Achtung, jetzt kommt mein Ansatz: Solche Hochspannungsexperimente macht man unter Wasser nur ein Mal. Und dann nie wieder. Denn wenn auf einem anderen Planeten die gleichen Naturgesetze gelten wie bei uns, würde ein Hochspannungsexperiment unter Wasser notwendigerweise zum Tod der Experimentatoren führen – und natürlich auch der Experimentatorinnen, ich weiß ja nicht, was für ein Geschlecht die da haben.

Und deswegen können wir kaum erwarten, dass uns eines Tages mal Fische von einem Wasserplaneten besuchen, um herauszufinden, was wir denn für einen trockenen Humor haben. Also keine Fische im Weltall. Oder wenn es sie gibt, dann werden wir sie nie finden. Alles, was wir vielleicht finden werden, etwa an den Unterseiten von schwimmendem Bimsstein, sind Eier von Prognichthys, Hirundichthys, Cypselurus, Exocoetus oder Fodiator aus der Obergattung der Oxyporhamphus. Die fliegen, die Fische. Aber nicht durchs All, und schon gar nicht mit Raketen, sondern höchstens in die Pfanne.

Unsere Ressourcenproblematik mit Fisch werden wir durch außerirdischen Fisch wohl nicht lösen können.

Männer sind vom Mars, Frauen von der Venus

Geschlechter auf anderen Planeten

Gibt es auf anderen Planeten auch zwei oder noch mehr Geschlechter? Oder gibt es da immer nur eine Sorte? Diese Frage ist gar nicht so einfach zu beantworten.

Wenn die Evolution auf unserem Planeten der kosmische Durchschnitt ist, also sozusagen Otto Normalverbraucher, dann wird sich die Natur wohl auch andernorts die Gelegenheit nicht nehmen lassen, verschiedene Varianten durchzuspielen. Sex eignet sich dafür ganz besonders, denn Sex ist ja vor allen Dingen ein Spiel, um immer wieder neue Möglichkeiten zu erzeugen.

Für Sex braucht man nun aber verschiedene Geschlechter – also, damit überhaupt etwas geht, damit sich da etwas entfaltet. Solange ein Lebewesen nur auf dem Planeten herumläuft – oder sich irgendwie anders fortbewegt –, mag das ja klappen. Wenn es aber plötzlich ins Weltall hinauswill, dann wird's schwieriger.

Das Zusammenleben von zwei Geschlechtern auf einem Planeten ist ja schon problematisch. Jetzt stellen Sie sich mal vor, Sie sind nicht auf einem Planeten – da haben Sie ja noch viel Platz – sondern Sie sind in einem Raumschiff. Also in so einer Röhre oder Kapsel, wo Sie nicht einfach mal so sagen können: »Du, Liebelein, ich geh noch mal einen trinken« oder so, sondern Sie müssen dableiben. Sie müssen alle da drinbleiben, und man sieht sich jeden Tag und zwar dauernd, quasi ununterbrochen.

Deswegen wäre meine These, dass auf lange Sicht, also wenn hier bei uns irgendwann mal Besuch käme von Außerirdischen, dann wird das alles die gleiche Sorte sein. Denn die anderen Raumschiffe, in denen sie verschiedene Geschlechter losgeschickt haben, die sind gar nicht bis zu uns gekommen. Die haben sich derartig gestritten, dass schon auf halbem Weg Schicht im Schacht war.

Pausch-All-Reisen

Extraterrestrische Touristen

Aber warum sollten uns eigentlich Außerirdische besuchen wollen? Was ist so besonders an der Erde? Na, ist doch klar!

Vergessen Sie die ganzen Weltwunder und das ganze Kulturerbe, das interessiert den Außerirdischen so was von überhaupt nicht, das können Sie sich gar nicht vorstellen. Wenn der schon mal sein Ränzlein schnürt und sich auf die lange Reise begibt, dann tut er das wegen des Mondes. Jawohl!

Der Mond ist ein Objekt, das uns überhaupt nicht zusteht. So ein Mond, wie ihn die Erde hat, der gehört normalerweise zu einem Planeten wie dem Jupiter. Der ist schließlich 317-mal schwerer als die Erde. Das ist die eine Sache. Aber wir haben auch einen Mond, der genau jetzt im richtigen Abstand zur Erde steht, knapp 400 000 Kilometer, und in der Lage ist, deshalb die Sonne von Zeit zu Zeit exakt so zu verfinstern, dass gerade die ganze Sonnenscheibe nicht mehr zu sehen ist.

Der Mond ist ja früher viel näher an der Erde dran gewesen, da hat er die Sonne immer total bedeckt. Er ist nämlich sehr nahe an der Erde entstanden, auf den Zentimeter in 50 000 Kilometern Entfernung. Seit damals entfernt er sich, weil diese beiden Körper – Erde und Mond – miteinander Energie austauschen.

Diese Energie steckt in der Drehung der Erde. Die Erde wird abgebremst, der Mond zeigt der Erde immer die gleiche Seite. Wenn sich die Erde durch den Mond immer weiter in ihrer Drehung abbremst, dann muss dieser verloren gegangene Drehimpuls irgendwohin. Der Mond kann sich nicht mehr abbremsen, der ist ja schon in seiner Eigendrehung auf dem Minimum. Also das Einzige, was noch übrig bleibt, ist, dass sich der Bahndrehimpuls des Mondes vergrößert. Mit anderen Worten, der Mond entfernt sich von der Erde. Jedes Jahr um vier Zentimeter. Also, in einigen hunderttausend Jahren wird der Mond so weit von der Erde entfernt sein, dass er die Sonne eben nicht mehr total verfinstert.

Und dann ist das Reiseziel Erde gewissermaßen aus dem Katalog raus. Es könnte also sein, dass gerade jetzt interstellare Raumschiffe auf dem Weg zur Erde sind. Galaktische Gesangsvereine und Kegelclubs auf dem Weg hin zum einzigen Planeten in der Milchstraße, der einen Begleiter hat, der das Zentralgestirn total verfinstern kann. Tja, interstellarer Tourismus. Und bei Touristen, das wissen Sie ja, sollte man immer freundlich, aber auch vorsichtig sein. Man weiß ja nie, was das für Leute sind.

Jede Niete zählt

Blauer Planet

In den galaktischen Chroniken wird darüber berichtet, dass die allerersten Planeten in der Milchstraße von den sogenannten Perfektionisten gebaut worden sind. Das waren Leute, die unter anderem auch mit Zeitmanagern und Effizienzberatern zusammengearbeitet haben, um ein möglichst perfektes Planetensystem zu erzeugen.

Da hatte man einen Stern, der absolut perfekt strahlte, und die Planeten, die liefen auf perfekten Kreisbahnen mit perfekten Drehachsen absolut perfekt um die Sterne herum. Das klappte allerdings nicht lange, denn andere Sterne der Milchstraße, die liefen auf Bahnen, wie sie wollten, und daraufhin wurden diese perfekten Planeten aus ihren perfekten Bahnen herausgeworfen und davon ist so gut wie nichts übrig geblieben.

Als besonderes Erfolgsmodell allerdings hat sich ein kleiner blauer Planet erwiesen. Der gehört zu einer ganz besonderen Sorte. Dort fallen zum Beispiel Butterbrote grundsätzlich auf die Butterseite und alle Katzen kommen, wenn man sie irgendwo vom Dach wirft, immer auf allen vier Pfoten an.

Auf diesem Planeten wurde auch die Nietenhypothese perfektioniert. Die Bewohner dieses Planeten haben nämlich herausgefunden, dass diese besondere Form von Nietensystem die stabilste und beste im ganzen Universum ist. Stellen Sie sich mal ein Flugzeug vor. Jede Niete, die in so einem Flugzeug drinsteckt, hält das große Ganze zusammen. Eine Niete hilft sozusagen der anderen Niete, man unterstützt sich gegenseitig und trägt so zum gemeinsamen Erfolg bei.

Übertragen auf den kleinen Planeten bedeutet dies: Jedes Lebewesen, jeder Stein und jeder Wassertropfen, einfach alles, was es auf dem Planeten gibt, zählt. Noch das allerkleinste Bauteilchen ist eine der entscheidenden Nieten, die zum großen Erfolg des blauen Planeten beitragen. Das heißt wirklich, jede Niete zählt. Und wenn da nur eine kleine Niete weggenommen würde, käme der Planet ins Trudeln, und irgendwann würde er vielleicht sogar verschwinden. Aber da das Universum sehr stolz ist auf diesen kleinen blauen Planeten, tut es, was es kann, um ihn zu beschützen. Gerade wegen der Nieten.

Faltencreme für die Erde

Gezeiten

Die Schwerkraft ist die einzige Kraft im Universum, die nicht abzuschirmen ist. Im Gegenteil, sie ist immer da und sorgt auch noch dafür, dass Ihnen in schöner Regelmäßigkeit Dinge zu Boden fallen. Sie können zwar versuchen, dem mit Konzentration und Geschicklichkeit vorzubeugen, aber wenn das Ding erst mal die Tischkante überwunden hat, gibt es kein Zurück mehr.

Bei der Gravitation gibt es auch keine Ladungen, die sich gegenseitig neutralisieren würden, wie das zum Beispiel bei positiven und negativen elektrischen Ladungen der Fall ist. So etwas gibt's da einfach nicht. Die Schwerkraft, die taucht einfach immer auf. Und wenn zwei Massen voneinander Wind bekommen, bringt sie noch einen Effekt mit, den wir von unserem Planeten als Ebbe und Flut kennen. Der Mond zieht nämlich die Erde so an, wie die Erde den Mond anzieht. *Actio* gleich *Reactio.*

Das führt dazu, dass der Erdkörper beispielsweise zuerst um 30 Zentimeter zum Mond hingezogen wird und dann natürlich auch wieder um 30 Zentimeter zurückgeht. Und das geht nicht ganz spurlos an der Erde vorüber; die wird nämlich deformiert. Der Mond wird bei dieser ganzen Aktion übrigens auch verformt, aber das braucht Sie jetzt nicht weiter zu interessieren, weil da oben ja niemand ist, der feststellen könnte, ob es Gezeiten gibt.

Jetzt mal ganz plastisch: Die beiden Körper – also Mond und Erde – drehen sich um einen gemeinsamen Schwerpunkt. Dieser gemeinsame Schwerpunkt befindet sich nun nicht in der Mitte der Erde, sondern liegt etwa 2000 Kilometer unterhalb der Erdoberfläche. Weil Teile des Erdkerns flüssig und der Erdmantel mitsamt seiner Kruste elastisch sind, schwappt die ganze Sache durch die Anziehung des Mondes ein bisschen hin und her und schon ist die Erde für kurze Zeit deformiert.

Das ist so wie mit Ihren Backen. Wenn Sie mal davon ausgehen, dass die Nase der Mittelpunkt Ihres Gesichtes ist, und die Backen sind sozusagen der ganze Bereich von 2000 Meter unter der Oberfläche bis zum Erdmantel, dann werden Sie mir sicher zustimmen, dass die Backen mehr unter der Schwerkraft zu leiden haben als die Nase. Im Unterschied zu unseren Backen redeformiert sich die Erde aber in kürzester Zeit wieder, der Zahn der Zeit nagt also weniger sichtbar.

Wenn große Massen etwas voneinander mitkriegen,

dann geht das nur über die Schwerkraft und deshalb gibt es die Gezeitenkräfte. Aber die gibt es nicht nur im Erde-Mond-System; es gibt sie zwischen Sternen, ja sogar zwischen Galaxien. Und alles ist letztlich darauf zurückzuführen, dass die Gravitation zwar die schwächste aller Kräfte ist, dass man sie aber nicht wegkriegt. Sterne sind ja Gasbälle und ein naher Begleiter kann so einem Stern die Gashülle entreißen. Bei den riesigen Galaxien sind die Gezeitenkräfte so stark, dass sie sich entweder gegenseitig das Gas herausziehen oder am Ende ganz miteinander verschmelzen.

Am schlimmsten aber haben vier Monde unter den Gezeitenkräften zu leiden. Das sind die vier Monde des Jupiters, die Galileo Galilei als Erster entdeckte. Die werden von der Kraft des Riesenplaneten richtiggehend durchgeknetet. Io zum Beispiel wird dermaßen von der Gezeitenkraft des Jupiters durchgewalkt, dass sein gesamtes Inneres ganz flüssig ist und immer wieder durch seine Oberfläche schießt. Io hat die größte vulkanische Aktivität im ganzen Sonnensystem.

Da haben wir hier auf der Erde noch richtig Glück. Obwohl es schon blöd ist, wenn man mal an der Nordsee Urlaub macht, man schön schwimmen möchte und gerade mal wieder Ebbe ist. Die Flut kommt aber garantiert sechs Stunden später wieder. Auf die Schwerkraft und damit auf die Gezeiten ist nämlich Verlass.

Kein schöner Anblick

Elektromagnetische Kraft

Ich weiß nicht, ob Sie das wissen, aber es gibt ja vier Kräfte. Zwei davon merken wir eigentlich kaum, das heißt, wir haben mit denen nicht so viel zu tun, weil sie nur in den Atomkernen wirken. Da gibt es zum einen die starke Kernkraft, die den Atomkern zusammenhält. Und zum anderen die schwache Kernkraft, die ihn teilweise wieder zerfallen lässt. Aber die beiden schieben wir jetzt einfach mal beiseite.

Darüber hinaus gibt es nämlich noch zwei große makroskopische – also in unserer Welt wirkende – Kräfte: die Gravitation (also die Schwerkraft) und die elektromagnetische Kraft.

Na, was meinen Sie, welche ist die stärkere? Sagen Sie jetzt bitte nicht Schwerkraft! Gut, die ist schon recht stark, weil sie uns ja völlig unabhängig von unserem Körpergewicht hier auf dem Boden hält. Aber das können Sie vergessen! Die elektromagnetische Wechselwirkung, das ist eine Hammerkraft! Da machen Sie sich keine Vorstellung! Die ist nämlich 10 hoch 36 Mal stärker als die Gravitation. Das ist die Kleinigkeit von einer Trillion mal eine Trillion.

Das können Sie gar nicht glauben? Nun, Sie merken das schmerzlich, wenn Sie zum Beispiel von einem

Hochhaus hinunterfallen. Also so siebzigster, achtzigster Stock. Am Anfang wirkt nur die Schwerkraft. Da fliegt man und fliegt man und fällt schnurstracks Richtung Erdmittelpunkt. Aber wenn man unten am Erdboden ankommt, wirkt plötzlich eine Kraft, die das weitere Eindringen in den Erdkörper verhindert. Aus scheinbar unerfindlichen Gründen.

Gut, Sie merken das nicht mehr so, aber ich versichere Ihnen die Richtigkeit meiner Ausführungen. Wenn Sie da unten auftreffen, schlägt eine Kraft zu, die lokal, also da, wo Sie unmittelbar auftreffen ... das ist jetzt nicht so viel Fläche, obwohl die wird ja größer dann, weil Sie sich in gewisser Weise ausbreiten ... ähm, diese Kraft ist lokal viel stärker als alle Kraft, die die Erde an Schwerkraft aufwenden kann. Und das liegt jetzt nicht an der Betondecke, dass Sie nicht bis zum Erdmittelpunkt weitersausen. Sondern an der elektromagnetischen Wechselwirkung, die auch noch die kuscheligste Rasenfläche zu einem solchen Untergrund werden lässt, dass Sie nach Ihrem Hochhausflug nicht einfach nur kurz die Knochen sortieren und weiterspazieren können. Wirklich eine fundamentale Wechselwirkung, diese elektromagnetische Kraft.

Uhrenvergleich

Zwillingsparadoxon

Der eine fliegt jetzt nicht vom Hochhaus, sondern einfach weg, sagen wir mal zu einem anderen Stern. Dann kommt er wieder zurück, steigt aus dem Raumschiff, erblickt den anderen und denkt sich: »Boah, ist der alt geworden!« Sie kennen das sicher aus eigener Erfahrung, wenn Sie jemanden treffen, den Sie lange nicht gesehen haben. Aber wenn Sie nach Ihrer kleinen Reise ins Universum Ihrem Zwilling begegnen würden, müssten Sie sich ja quasi selbst erblicken. Und wer behauptet schon gerne von sich: »Mann, bin ich alt geworden.«

Eigentlich müssten Sie und Ihr Zwilling doch genau das gleiche Alter haben. Aber was sieht man? Der eine ist viel jünger als der andere. Der, der auf der Erde zurückgeblieben ist, tja, der ist viel, viel älter geworden. Und der andere ist irgendwie … geht das? Der kann doch nicht jünger geworden sein! Oder doch?

Tatsächlich ist es so, dass beim Zwillingsparadoxon der große Unterschied darin besteht, dass sich der, der wegfliegt, in einem beschleunigten Bezugssystem befindet. Und in beschleunigten Bezugssystemen gehen die Uhren langsamer. Der fortfliegende Zwilling muss ja am Anfang beschleunigt werden, um wegzukommen, und dann muss er auch wieder beschleunigt werden, um zurückzukommen. Abbremsen ist nämlich auch eine Beschleunigung. Er muss also zwischendurch seine Geschwindigkeit ändern und die Richtung der Geschwindigkeit. Während Sie mal wieder nur hinterm Ofen sitzen.

Und das ist der große Unterschied. Die Relativitätstheorie erklärt, wie sich Uhren in einem beschleunigten Bezugssystem im Vergleich zu Uhren in einem nicht beschleunigten Bezugssystem verhalten. Dazu müssen Sie jetzt mal ein paar Uhren aus Ihrer Wohnung einsammeln und zwei davon von einer Raumpatrouille entlang der Reiseroute Ihres Zwillings durch die Galaxie platzieren lassen. Aber bitte achten Sie darauf, dass man die Uhren auch gut lesen kann. Möglichst auch im Dunkeln. Oder der Kuckuck richtig laut loskuckuckt. Nicht dass der Zwilling dann da so vorbeirauscht und die Uhrzeit nicht ablesen kann, weil Sie sich vielleicht nur so eine winzige Funzel von der Seele gerissen haben oder der Vogel nicht in die Pötte kommt und lieber in seinem Häuschen sitzen bleibt. Dann war nämlich alles umsonst.

Einen Uhrenvergleich sollten Sie übrigens auch noch machen, aber das dachten Sie sich vielleicht schon. Und zwar bevor Sie Ihren Zwilling auf den Mond schießen. Wenn Sie das alles erledigt haben, können Sie sich auch wieder aufs Sofa setzen. Und nicht bewegen! Oder sich gar beschleunigt zum Kühlschrank begeben, um sich ein Bier zu holen. Weil dann stimmt das ja mit dem ruhenden Bezugssystem wieder nicht. Und am Ende können Sie die Uhr nicht mehr vernünftig ablesen.

Ja, und so kann es schon mal passieren, dass Zwillinge auf einmal ganz unterschiedliche Alter haben. Tröstlich ist dabei immerhin, dass beide älter werden, niemand wird jünger, auch nicht durch die spezielle Relativitätstheorie …

Übrigens, wenn Sie das mit den beschleunigten und nicht beschleunigten Bezugssystemen nicht verstanden haben – wundern Sie sich nicht. Das ist zwar alles berechenbar und sogar sehr genau messbar, aber anschaulich ist das alles nicht und deshalb kann man es auch nicht so verstehen wie zum Beispiel das Fließen von Wasser. Richtig ist es aber trotzdem, Verständnis ist eben auch irgendwie relativ.

Bewegung hält doch jung

Relativitätstheorie

Also, die Relativitätstheorie jetzt hier in aller Kürze zu erklären, ist praktisch völlig unmöglich.

Man kann aber vielleicht ein paar Sachen dazu sagen. Also: Ganz wichtig ist, dass die Lichtgeschwindigkeit überall – das heißt in allen Bezugssystemen – immer den gleichen Wert hat. Nämlich annähernd 300 000 Kilometer pro Sekunde.

Sie ist also eine absolute Größe. Und weil sie eine

absolute Größe ist, sind der Vergleich von Uhren, also Zeitmessungen mit Uhren, oder Längenmessungen mit Maßstäben davon abhängig, ob sich ein Bezugssystem bewegt oder nicht. Und zwar relativ gesehen zu einem, das in Ruhe ist.

Aha. Jaja. Man braucht immer einen, der sich bewegt, und einen, der das nicht tut. So weit, so gut. Und die beiden wollen jetzt irgendwie miteinander in Kontakt treten.

Aber wie sollen sie das machen?

Das kennen wir ja von Loriot, dass das mit den Bezugssystemen und Ruhe versus Bewegung so eine Sache ist. Sie wissen schon, die Dame, die ganz eilig in der Küche hin und her trappelt, während er im Wohnzimmer einfach nur dasitzt, während sie ständig fragt, was er denn gerade mache. Und warum er denn nicht auch irgendetwas mache, am besten gleich etwas Sinnvolles. Aber diese Art der Kontaktaufnahme ist ja nun nicht besonders von Erfolg gekrönt gewesen. Auch wenn das sicher nicht nur daran gelegen hat, dass ihr Bezugssystem (Bewegung, Küche) ein anderes war als seins (Sitzen, Wohnzimmer).

Was also tun? Die beiden Bezugssysteme treten am besten über elektromagnetische Wellen in Kontakt, weil die sich am schnellsten bewegen. Nämlich mit Lichtgeschwindigkeit. So, und dadurch, dass diese Lichtgeschwindigkeit jetzt nicht unendlich groß ist, sondern nur 300 000 Kilometer pro Sekunde, gibt es ein riesiges Problem.

Warum? Nun, das Problem besteht darin, dass auf einmal Uhren- und Zeitmessungen davon abhängig sind, wie schnell sich jemand bewegt. Bewegte Uhren gehen nämlich langsamer. Bewegte Maßstäbe sind kürzer. Deswegen hat *sie* auch das Gefühl gehabt, er würde seit Ewigkeiten nichts tun, während *er* das Gefühl hatte, er habe sich doch nur für einen Moment hingesetzt.

Das ist ja alles irrsinnig! Und führt dazu, dass jemand, der sich mit rasender Geschwindigkeit bewegt, zum Beispiel länger jung bleibt. Also eben erst später alt wird, zumindest im Vergleich zu einem, der in Ruhe bleibt. Oder dass die Längen bei ihm kürzer sind, oder die Massen und die Energien größer. Oder man selbst schneller tot, getreu eines Klassikers von Woody Allen: »Ich werde mich umbringen. Ja, genau, ich sollte nach Paris fliegen und vom Eiffelturm springen. Wenn ich noch die Concorde kriege, könnte ich drei Stunden früher tot sein, das wäre perfekt. Und wegen der Zeitverschiebung könnte ich noch sechs Stunden in New York am Leben sein, aber schon drei Stunden tot in Paris. Ich könnte noch was erledigen nach meinem Tod.«

Aber bevor Sie jetzt hektisch vom Sofa aufspringen, in die Turnschuhe springen und losrennen, lassen Sie's sein. Hat keinen Zweck, das Altern lässt sich damit nicht wirklich aufhalten.

Verstehen kann man die Sache mit der Relativitätstheorie auch nicht wirklich. Das ist so weit weg von unserer Anschauung und ein Bereich, wo man einfach sagen muss: Hier zeigt sich, wie unglaublich kraftvoll Mathematik ist. Rechnen kann man das nämlich, messen auch, und dabei stellt sich heraus: Einstein hatte völlig recht.

Hinterhalt der Zukunft

Zeitpfeil

Vor 13,7 Milliarden Jahren hat der Zeitpfeil begonnen zu fliegen. Also, seitdem das Universum existiert und expandiert, ist auch ein Zeitpfeil da. Das merken Sie daran, dass Sie sich nicht an die Zukunft erinnern können. Oder auch daran, dass Ursachen ihren Wirkungen immer vorausgehen. Das ist der Zeitpfeil. Die Vergangenheit ist schon vorbei, die Zukunft noch nicht da – und Sie sind mittendrin.

Die gängige Sichtweise des Zeitpfeils betrachtet die Zukunft vorne, also in Sichtrichtung; es gibt aber auch einige Kulturen, zum Beispiel in den Anden, die haben ein umgekehrtes Zeitkonzept. Bei denen wird die Zukunft als hinten liegend betrachtet, also entgegen der Sichtrichtung, da ja noch unbekannt. Auch in gewisser Weise logisch, man hat ja hinten keine Augen und deshalb auch keine Ahnung, was die sich anschleichende Zukunft hinterhältig plant.

Aber sei's drum. Für alle gilt: Wir sitzen immer alle auf dem Zeitpfeil und reisen mit ihm. Jetzt könnte man natürlich denken: Moment, das ist ja alles eine Illusion, den Zeitpfeil, den gibt es ja gar nicht, vielleicht gibt es ja stattdessen Zeitschleifen? Vielleicht ist das ja wirklich alles nur Einbildung und es gibt gar keine wirkliche Zeit, die fließt.

Doch! Kosmologisch gesehen gibt es einen ganz klaren Zeitpfeil, hervorgerufen durch die beständige Expansion des Universums nach dem Urknall. Das weiß man deshalb, weil damit nämlich die Abkühlung des Universums verbunden ist. Das heißt: Zu jeder Zeit im Universum gibt es eine bestimmte Temperatur. Gewissermaßen die Fieberkurve des Universums, wobei man von Fieber hier nicht sprechen kann, denn es kühlt sich ja dauernd ab. Je größer das Universum wird, umso kleiner und kleiner wird seine Temperatur. So definiert sich kosmische Zeit, und diese kosmische Zeit, das ist gleichzeitig der Zeitpfeil.

In diesem Universum geht es immer nur nach vorne. Also achten Sie darauf, bei allem, was Sie tun und sagen: Sie können es nicht wieder zurücknehmen, auf keinen Fall. Der Pfeil fliegt. Wohin, das wissen wir nicht so genau, aber im Zweifelsfall immer in Richtung Zukunft. Und denken Sie daran: Zukunft ist die Ausrede all derjenigen, die in der Gegenwart nichts tun wollen.

Mit und ohne Spitzenhäubchen

Arsen

Das schlechte Image, das Arsen anhaftet, hat mit zwei alten Tanten und Cary Grant zu tun – und in gewisser Weise auch mit Gott. Dem wollten die beiden Damen nämlich ältere, einsame Herren so schnell wie möglich näher bringen. Indem sie selbige einfach um die Ecke ... Tja, und das haben sie dann auch gemacht, und wegen dem Zeitpfeil konnten sie die Sache auch nicht mehr rückgängig machen.

Dabei kann Arsen doch so viel mehr, als uns nur todbringend in Zuckerdosen und Suppentöpfen aufzulauern. Ein bisschen Arsen steckt sozusagen in jedem von uns. Es ist ein ganz normaler Bestandteil des Stoffwechsels – von Pflanzen, Tieren und Menschen. Einmal zu viel davon ausgeschüttet oder verabreicht, hat es in uns menschlichen Kohlenstoffeinheiten die unerfreuliche Wirkung, die jene beiden Damen mit Spitzenhäubchen beabsichtigt hatten.

Aber das war noch während der goldenen Hollywoodzeiten. Heute ist Arsen fest in Händen der modernen Elektronik.

Aufgrund seines Charakters als Halbmetall wird es vor allem in der Halbleiterindustrie verwendet. Arsen hat wegen seiner merkwürdigen Elektronenkonfiguration – also, dass es eben nicht Nichtmetall und noch nicht Metall ist – ganz unterschiedliche Wirkungsweisen. Wenn es zum Beispiel mit Kohlenstoffatomen kombiniert wird, kann man es als Pestizid gegen allerlei Pilz- und Schädlingsbefall einsetzen (Nachbarn, ältere Herren oder Verwandte sind in diesem Zusammenhang nicht gemeint); wenn es mit Metallen kombiniert wird, dann hat es genau die Wirkung, die ein Halbleiter normalerweise haben sollte. Nämlich die schnelle Schaltfähigkeit, die in digitaler Elektronik nötig ist.

Summa summarum muss man natürlich sagen, dass auch die Halbleiterindustrie Arsen nicht von seinem schlechten Image befreien konnte. Was hat man nicht alles vermutet, wer mit Arsen umgebracht worden ist! Also im Zweifel Arsen lieber im Computer als in der Suppe.

Katze-Maus-Schema beim Gefurchten Dickmaulrüssler

Biologische Schädlingsbekämpfung

Leben Sie auf dem Land? Haben Sie eine Katze? Dann betreiben Sie biologische Schädlingsbekämpfung. Ja, Sie! Da hilft Ihnen jetzt auch der Zusatz »bio« nicht mehr. Jeder Nagetierfreund würde Sie noch mit Schlimmerem etikettieren. Mörder oder dergleichen. Katzen hat man nämlich früher auf den Bauernhof geholt, damit sie Ratten und Mäuse fangen.

Das Prinzip ist einfach: Man benutzt einen Organismus, um einen anderen Organismus, den man aus irgendwelchen Gründen nicht haben will, zu bekämpfen. Also nicht irgendwie mechanisch mit Totschlagen oder mit elektronischen Mitteln oder mit Gift, nein, man lässt gewissermaßen der Natur freien Lauf.

Das ist beim Katze-Maus-Schema relativ überschaubar. Wenn die Katze irgendwann keine Mäuse mehr findet, dann wird sie sich schon irgendwo anders welche suchen. Wenn die Mäuse irgendwann alle gefressen oder frustriert in ungefährlichere Gefilde umgezogen sind, dann hat die Katze natürlich ein Problem. Aber da wir ja wissen, was Katzen kaufen würden, wird sich dieses Problem mit Ihrer Unterstützung beheben lassen. Und im Zweifelsfall werden eines Tages schon wieder ein paar der possierlichen Nager auftauchen, und dann kann Ihr biologischer Schädlingsbekämpfer wieder herzhaft zubeißen.

Ganz anders sieht es allerdings aus, wenn man zum Beispiel in die Tiefe der biologischen Materie eindringt und versucht, genetisch zu arbeiten. Indem man Schädlinge dadurch bekämpft, dass man winzig kleine andere Schädlinge einbringt, die die Schädlinge, die man nicht haben will, eliminieren sollen.

Dem Gefurchten Dickmaulrüssler rückt man auf diese Art und Weise zu Leibe. Haben Sie den schon mal gesehen? Meines Wissens hat noch keine Tierschutzorganisation wegen groß angelegter Meucheleien durch ausgesetzte Nematoden (das ist nichts Elektrisches, dahinter steckt ein schnöder Fadenwurm) ihre Empörung bekundet.

Jedenfalls: Je tiefer wir in den Organismus eintauchen, umso schwieriger wird es abzuschätzen, wie groß die Folgen sind. Manchmal holt man sich nämlich mit einem Bekämpfer ein ganz neues Problem an den Hals. Fragen Sie mal einen Australier nach Kröten! Man muss also sehr vorsichtig sein. Bei Katzen ist das kein Problem – es sei denn, Sie haben eine Katzenhaarallergie.

Mit Kanonen auf Spatzen

Allergie

Der Begriff »Allergie« stammt aus dem Jahr 1906 und wurde von einem Wiener Kinderarzt eingeführt, weil man eine Abgrenzung zum Begriff »Energie« brauchte – also der Fähigkeit, Arbeit zu leisten.

Aber wer selbst von einer Allergie betroffen ist, weiß, dass das mit der Abgrenzung nicht so recht klappt. Denn Allergien leisten nicht nur ganze Arbeit, sondern noch dazu eine, die man eigentlich gar nicht bräuchte. Es ist völlig überflüssig, auf einen normalerweise völlig harmlosen Wirkstoff wie Blütenpollen, Tierhaare oder Nüsse mit hysterischer Schnappatmung oder flächendeckendem Ausschlag zu reagieren.

Aber nein, stattdessen verfällt ein befallenes Lebewesen wie wir Menschen in ein Verhalten, das im wahrsten Sinne des Wortes übers Ziel hinausschießt. Und wer ist schuld daran? Unser Immunsystem. Das reagiert auf einen harmlosen Eindringling wie ein Elefant auf eine Mücke. Also katastrophal. Und schießt sofort mit Kanonen auf Spatzen.

Die Allergene, also die Stoffe, die das Immunsystem so richtig in Wallung bringen, können in ganz unterschiedlichen Formen daherkommen. Blütenstaub, Gewürze, Wollmäuse und Milben, Personen im Lebensumfeld des

Betroffenen oder gleich alles zusammen. Es gibt sogar Kreuzallergien – die findet man nicht nur in Klassenzimmern bayerischer Schulen, sondern auch unter Apfelessern. Weil auch im Apfel Birkenpollen zu finden sind, zumindest was ihre molekulare Struktur angeht.

So eine Allergie ist übrigens äußerst beweglich. Wussten Sie, dass die sogar einen Etagenwechsel vornehmen kann? Medizinisch gesehen ist das ein Euphemismus für die Verschlimmerung des Leidens. Wenn's Ihnen mal so richtig schlecht geht, dann deutet das also darauf hin, dass die Allergie den Knopf gefunden hat, mit dem sie Sie quasi ohne Vorwarnung aus dem Dachgeschoss des Wohlbefindens direkt in den Keller geschickt hat.

Solange Sie jetzt keine Angst im Dunkeln haben, wäre das ja nicht so schlimm. Aber jetzt kommt das Immunsystem ins Spiel. Und das, ja, das lässt sich nicht so einfach beruhigen.

Genau genommen löst ein Systemfehler – die nicht angemessene Reaktion auf die Mücke – erst eine Allergie aus. Sie ist nicht einfach eine organische Krankheit, sondern eine systemische. Das Immun*system* ist nämlich davon betroffen – und solche systemischen Angelegenheiten sind ja immer so eine Sache. Vor allem, wenn es darum geht herauszufinden, welche Therapie denn helfen könnte.

Da gibt es ganz verschiedene Einflussmöglichkeiten: Man möge bitte schön dafür sorgen, dass die Seele zufrieden ist – oder der Körper; wahlweise auch alle beide, auf dass auf diese Art und Weise das Immunsystem so beruhigt werde, dass es weder auf äußere Einflüsse überreagiert noch auf sich selbst.

Wenn man es genau nimmt, sind Allergien also eigentlich nichts anderes als überdeutliche Warnhinweise darauf, dass wir in einer Welt leben, die ganz offensichtlich ein bisschen zu schwierig für uns ist.

Wettrüsten im Innern

Immunsystem

Jeder Organismus – Mikroorganismen, Pflanzen, Tiere, Menschen – besitzt ein Immunsystem. Das soll dafür sorgen, dass dieser Organismus geschützt ist gegen Eindringlinge von außen, aber auch gegen körpereigene Schäden.

An den Eindringlingen lässt es sich vielleicht am besten erklären, was ein Immunsystem ausmacht. Es ist nämlich ein lernendes System. Ein Eindringling kommt, er wird bekämpft, sodass er gar nicht erst tief in den Organismus eindringt, und auf diese Art und Weise kann das Immunsystem zunächst einen Erfolg feiern.

Natürlich werden die Eindringlinge versuchen, das nächste Mal mit anderen Mitteln gegen das Immunsystem vorzugehen. Die sind ja auch nicht doof. Das Immunsystem hat sich aber ganz clever gemerkt, wie es das letzte Mal gegen diese Eindringlinge vorgegangen ist. Und dann kommt es zu einem Phänomen, das wir schon aus dem Kalten Krieg kennen. Eine Art Rüstungswettlauf kommt in Gang.

Man hat also die einen, die rüsten auf; dann hat man die anderen, die rüsten nach. Abrüsten will da keiner, die bakteriologische Friedensbewegung steckt seit Jahrtausenden in ihren Kinderschuhen fest. Aber auf diese Weise kann das Immunsystem wenigstens systematisch immer mehr darüber lernen, wie es äußeren Eindringlingen gegenüber nun erfolgreich sein kann. Es »entfernt« fleißig Bakterien, Viren, Pilze und andere Mikroorganismen, die da nicht hingehören, aus dem Körpergewebe oder macht sie unschädlich. Zack!, und auf sie mit Gebrüll.

Und auch, wenn wir im Inneren aus der Art schlagen, also irgendetwas in uns entartet, dann muss das Immunsystem ran. Bei uns Menschen ist das Immunsystem eine außerordentlich gut erlernte Angelegenheit. Weil wir ja nun einmal das Resultat von einigen Jahrmillionen Evolution sind. Das heißt, sämtliche Immunsystemanteile, die in uns drinstecken, werden in der Evolution schon seit Ewigkeiten immer wieder ausprobiert, perfektioniert und bewähren sich so immer wieder aufs Neue. Meistens jedenfalls. Weil aber auch alle möglichen Schädlinge nicht auf der Brennsuppe dahergeschwommen sind und ihrerseits auf eine lange und erfolgreiche Evolutionsgeschichte zurückblicken und zudem ganz dreist noch die Mutationskarte ausspielen können, vermag unser Immunsystem nicht immer gleich alles abzuwehren. Bei der Sache mit Sars-CoV-2, im Volksmund Coronaviren genannt, scheint es auf den ersten Blick ziemlich überfordert gewesen zu sein. Neue Forschungen indes machen Hoffnung. Demnach könnten bereits durchlaufene Erkältungskrankheiten durch heimische Coronaviren die Schwere einer Covid-19-Erkrankung abfedern. Weil sich die Gedächtniszellen unseres Immunsystems daran erinnern, dass sie so einen Pappenheimer aus der Sars-Familie schon einmal erfolgreich bekämpft haben.

In diesem Sinne ist das Immunsystem eines der ganz großen Erfolgsgeheimnisse der Natur, wenn es darum geht, sich gegen Gefahren zu wappnen. Und was lernen wir jetzt daraus? Richtig! Lernen lohnt sich doch. Und ein gutes Gedächtnis hat noch keinem geschadet. Man muss ja deswegen nicht gleich nachtragend werden.

Erna kommt

Invasion

Der Begriff »Invasion« – ich hau jetzt mal die Hacken zusammen – ist eigentlich ein militärischer. Das denkt man zumindest, stimmt aber nicht. Invasion kommt von wandern und sich bewegen. Invasion ist ein sehr negativ besetzter Begriff, den wir manchmal auch mit dem Begriff »Besuch« verbinden. Mancher Besuch scheint einem wie eine Invasion zu sein (Erna kommt!), aber das Beruhigende ist doch: Besuche verschwinden in der Regel wieder. Invasoren hingegen bleiben.

Es gibt die militärische Invasion – was damit verbunden ist, dürfte hinlänglich bekannt sein –, es gibt die medizinische Invasion – das hat jetzt nichts mit Ärzteschwemme oder dem Gefühl während der Chefarztvisite zu tun –, sondern mit Krankheitserregern, die über Sie hergefallen sind und erst dafür gesorgt haben, dass Sie den Chefarzt ans Bett kriegen. Und die Nordaustralier sind übrigens ein bisschen empfindlich, wenn es um Invasionen geht. In sechs Wochen wurden fünf bellende Spinnen der Gattung *Phlogius crassipes* in dem kleinen Städtchen Bowen gesichtet, schon war von einer Invasion die Rede. Gut, die Dinger pfeifen angeblich ziemlich laut (obwohl sie doch bellen sollten), verschlingen Frösche, Kröten (da könnte man glatt auf dumme Gedanken in Sachen biologische Schädlingsbekämpfung kommen) und Vögel mit Stumpf und Stiel und sind so groß wie eine Untertasse.

Apropos Untertassen: Es gibt sogar die Invasion von Außerirdischen, zumindest in der Literatur. Bis heute haben wir ja noch keine Invasion von Außerirdischen erlebt auf unserem Planeten. Oder die, die live dabei waren, haben das schlicht nicht überlebt. Man weiß es nicht so genau. Möglicherweise hat es ja doch einmal eine Invasion von Außerirdischen gegeben, denn einige Leute sind der Meinung, das Leben auf der Erde wäre erst entstanden, weil Außerirdische hier gelandet sind. Aber nicht, dass Sie jetzt gleich in Ihrem Stammbaum nach Vulkaniern und dergleichen suchen, das können Sie sich getrost sparen. Denn diese Leute behaupten, die Außerirdischen hätten einfach ihren Müll dagelassen und daraus wäre dann … Na, das ist doch wenig schmeichelhaft, oder?

Der Mensch als extraterrestrischer Restmüll. Oder Kompost. Jedenfalls wäre das gewissermaßen eine ungewollte Invasion gewesen. Die meisten ernsthaften Invasionen sind hingegen gewollt und tatsächlich Eroberungen.

Also: Eine Spezies, zum Beispiel die Spezies Mensch, hat den gesamten Planeten Erde von Afrika aus erobert. Gewissermaßen per Invasion. Es ist marschiert und gewandert worden, verschiedene Leute – das müssen gar nicht so viele gewesen sein – sind von einem Ort zum anderen gezogen, das hat sich über ein paar Jahre hingezogen, bis irgendwann mal einer gesagt hat: »Karlheinz, ich kann nicht mehr, ich brauch ’ne Pause.« Ja, und dann sind sie dort geblieben und haben das Gebiet erobert.

Das heißt, Invasion hat etwas damit zu tun, dass sich Eindringlinge ein Gebiet unter den Nagel reißen. Und das gilt nicht nur für Menschen oder Außerirdische, sondern für alle möglichen Lebewesen. Es ist ein Begriff, der per Definition schon mit Lebewesen zusammenhängt. Kristalle machen keine Invasion. Und Gase auch nicht.

Frieden und ein langes Leben

Vulkanier

Wissen Sie, was das ist? Ja, natürlich wissen Sie das, wie konnte ich nur fragen! Das weiß doch jeder, dass ein Vulkanier eine außerirdische Lebensform vom Planeten Vulkan aus der Serie »Star Trek« ist. Bekannt geworden sind sie vor allen Dingen durch ihre spitzen Ohren und den Gruß »Frieden und ein langes Leben«. Und sie haben grünes Blut. Aber das sieht man ja nicht gleich. Außerdem sind sie total emotionslos. Also, so weit sie's eben können, aber sie können es offenbar sehr weit, es sei denn, sie werden von der »Pon farr« erfasst (vulkanisch für Paarungszeit, alle sieben Jahre) oder vom »Bendii-Syndrom« befallen. Aber das passiert nur, wenn man mindestens 200 Jahre alt ist. Scheint also eine Art emotionaler Demenz zu sein, während der man vergisst, wie das ging mit der Gefühlskontrolle. An Spock werden wir das leider nicht erleben können, der hat sich verjüngen lassen. Also nicht nur liften, das sieht man ja schon an den Augenbrauen, sondern richtig mit Refusion und so.

Die Vulkanier sind jedenfalls eine sehr alte Rasse, die es geschafft hat, ihre Emotionen ziemlich weit unter Kontrolle zu bringen. Warum die das gemacht haben? Na ja, weil die eben auf ihrem Planeten erlebt haben, wie katastrophal ein total emotionales Dasein sein kann. Offenbar. Oder weil die Drehbuchschreiber der Serie »Star Trek« schlicht und ergreifend noch etwas Salz in der Science-Fiction-Suppe gebraucht haben. Und was wäre da naheliegender als die Auseinandersetzung zwischen dem stark irrationalen Charakter der Menschen und dem total rationalen Charakter der Vulkanier.

Was aber noch interessant ist an den Vulkaniern, ist UMUK/IDIC. Das ist das das Prinzip der unendlichen Mannigfaltigkeit in unendlichen Kombinationen oder, im Englischen, die *infinite diversity in infinite combinations.* Jaja, die Vulkanier sind schon sehr tolerante Kreaturen. Und wenn man aus Science-Fiction überhaupt etwas lernen kann, dann vielleicht das, dass die Mannigfaltigkeit, die Kombinationsfähigkeit der Welt ihr größtes Gut ist. Kreativität und viele Möglichkeiten. Das könnte es sein. Frieden und ein langes Leben. Dup dor a'az Mubster, wie der Vulkanier sagen würde.

Die unendliche Casting-Show

Natürliche Auslese

Die Natur weiß ja nie, was sie macht. Sie weiß im Grunde überhaupt nichts, noch nicht einmal von sich selbst. Immerhin wissen Teile der Natur – also wir –, was die Natur gemacht *hat*. Was sie machen *wird*, davon haben wir allerdings auch keine Ahnung. Obwohl wir uns redlich Mühe geben und versuchen, sie massiv zu manipulieren. Aber die natürliche Natur, die ungemachte und nicht die vom Menschen gemachte, die macht, was sie will. Und wir müssen dann damit leben, dass sie mal wieder etwas gemacht hat, das uns so gar nicht in den Kram passt.

Schau'n mer mal, dann seh'n mer scho. Dieses im Nachhinein Bewerten, was vorher gemacht wurde, hängt mit der merkwürdigen Struktur der Zeit in unserem Universum zusammen. Denn in diesem Universum geht die Zeit immer nur nach vorn. Es gibt keine Zeitreisen. Es ist nicht möglich, in der Zeit so zu reisen, wie man das im Raum tun kann. Was eigentlich komisch ist, denn laut der Relativitätstheorie sind ja Zeit und Raum irgendwie Dimensionen. Aber sie sind nicht dasselbe. Die Zeit ist etwas ganz anderes als der Raum, weil sie unmittelbar mit Wirkungen zusammenhängt. Im Raum muss gar nichts passieren und er ist trotzdem da. In der

Zeit passiert immer etwas, garantiert, das können Sie blind buchen.

Und das ist auch der Grund für die natürliche Auslese. Wenn immer alles gleich bliebe, wäre das doch arg langweilig. Aber nicht dass Sie jetzt denken, bei alldem gäbe es ein Ziel. Nein, es kommt einfach so raus. Die Erfolgreichen bleiben einfach über. Erfolgreich in dem Sinne, dass man überlebt. Und dass man mehr Nachkommen produziert als alle anderen. Das ist Erfolg im Leben. Also im Leben der Lebewesen. Im Leben der Natur.

Das Dumme dabei ist, dass immer nur die erfolgreich sind, die schon erfolgreich sind. Sie wissen schon: das Prinzip mit dem dicksten Haufen. Denn am stärksten vermehren sich diejenigen, die am erfolgreichsten sind, weil sie sich am besten an die Umweltbedingungen angepasst haben und weil sie so möglicherweise am schnellsten jemanden gefunden haben, mit dem man Nachkommen zeugen kann.

Der Natur selbst ist das im Grunde wurscht, was am Ende dabei rauskommt. Schließlich werden ihr Mutationen und Variationen von Leben quasi auf dem Silbertablett präsentiert, und sie kann sich im Nachhinein auf die Schulter klopfen, dass sie vorher möglicherweise etwas richtig gemacht hat. Jeder anderen Vorgehensweise würde der Zeitpfeil sowieso ganz schnell ins Handwerk pfuschen.

Wenn immer alles gleich bliebe, wäre der eine Erfolg

immer Erfolg. Das könnte man dann auch das Bayern-München-Syndrom nennen. Aber Gott sei Dank gibt es ja noch den FC St. Pauli. Nicht immer, aber ab und zu.

Damenwahl

Sexuelle Auslese

Es gibt die natürliche Auslese – das ist die Anpassung von Lebewesen an die Umweltbedingungen. Aber das reicht nicht aus, um die Vielfalt der Lebewesen zu erklären. Da passiert offenbar noch etwas anderes. Und namentlich, seit vor zwei, zweieinhalb Milliarden Jahren gewissermaßen zwei verschiedene Varianten in dieser Welt auftauchten.

Die geschlechtliche Vermehrung hat ja automatisch dazu geführt, dass sich diejenigen besonders stark vermehren, die vom jeweils anderen Geschlecht als besonders interessant betrachtet werden. Und so hat sich eine unglaubliche Menge an Signalen ergeben, Sie wissen schon – Männchen und Weibchen teilen der anderen Seite mit: Nimm mich als deinen Partner, denn ich bin fit, ich bin genau der Richtige für dich. Manchmal stimmt das auch, aber nicht immer. Mancher täuscht geschickt über Defizite hinweg, weil er schon mal etwas von Täuschungsmimikry gehört hat. Oder von der Wirkung großer Sportwagen, die angeblich Defizite im Testosteronhaushalt (Stichwort Haupthaar!) ausgleichen können, um so bei der Damenwelt zu punkten. Und darauf und auf sonst beinahe nichts kommt es schließlich an.

Es ist nämlich so, dass im Tierreich meistens die Damen wählen. Also die Damen entscheiden darüber, welches Männchen sie dann zur Kopulation nehmen, um weitere Nachkommen zu zeugen. Diese Damenwahl im Tierreich hat dem Darwin übrigens unheimliche Schwierigkeiten gemacht. Weil der Darwin Mitte des 19. Jahrhunderts, also im viktorianischen England, mit einer These auftrat, die allgemein in der Gesellschaft eher diskret behandelt wurde. Von Sex wollte man im viktorianischen England nichts wissen. Öffentlich jedenfalls. Auf privater Ebene muss die Sache aber etwas anders ausgesehen haben, weil, es gab ja Kinder. Und die entstehen ja nicht einfach nur aus Luft … Sondern manchmal auch aus Entscheidungen, da kann man sich schon an den Kopf fassen.

Götterdämmerung

Charles Darwin

Meine Güte, was soll ich Ihnen in aller Kürze über Charles Darwin erzählen? Man müsste eigentlich eine riesige Enzyklopädie über diesen Mann schreiben, aber das kann ich an dieser Stelle leider nicht tun. Deshalb werde ich es kurz machen: Charles Darwin ist der Newton der Biologie. Er ist derjenige, der sozusagen die Biologie in ein Schema gebracht hat. Er hat verschiedene Teile dieser Wissenschaft, dieser Lebenswissenschaft, zusammengezogen unter dem Stichwort »Evolution«.

Charles Darwin, am 12. Februar 1809 geboren, ist derjenige, der sich als Allererster die Frage gestellt – und sie auch beantwortet hat, das ist das Tolle daran: Warum ist die Welt so, wie sie ist? Und damit meine ich jetzt nicht die Welt der Planeten, Sterne und so weiter, nein, sondern die Welt der Lebewesen.

Warum ist sie so? Warum gibt es diese überfüllende, überhäufende Menge an Erscheinungen in einer Welt, die sich doch eigentlich auf eine einzige Form zurückziehen könnte? Wenn alles ganz, ganz einfach wäre. Darwin hat erkannt, dass es in der Welt mit rechten Dingen zugeht. Dass die Natur aus sich selbst heraus erklärbar ist. Man braucht keine Götter, das Einzige, was man braucht, ist Vernunft – und gesunder Menschenverstand.

Mit diesen beiden Ingredienzien hat er verschiedene Beobachtungen zusammengebracht und festgestellt, dass das Leben ein Phänomen ist, das sich gewissermaßen aus sich selbst heraus ein Ziel setzt – und es auch immer erreicht. Und das können wirklich nicht viele von sich behaupten …

Erleuchtung garantiert

Neurotheologie

Hinter diesem Begriffsungetüm verbirgt sich der Versuch, Glaubensvorgänge im Gehirn darzustellen. Vermutung: Der Glaube spielt sich im Gehirn ab. Obwohl ich persönlich jetzt gedacht hätte, Glaube oder religiöse Einstellungen hätten vor allem etwas mit dem Herzen zu tun. Weil man sich damit ja anders verhält, als die Natur es notwendigerweise vorgibt.

Aber das ist jetzt meine persönliche Sache, zurück zur Neurotheologie. Es geht darum, bildlich darzustellen, was im Gehirn eines Homo sapiens sapiens passiert, wenn er glaubt. Oder auch sie. Oder betet, oder eine Erleuchtung hat, oder eine Vision.

Und jetzt kommt der Hammer. Mit modernstem, mit allermodernstem physikalischem Gerät – also mit Bildgebungsverfahren, die diese mentalen Zustände im Gehirn wunderbar farbig darstellen können – kann man nun nachweisen, dass tatsächlich bestimmte Teile des Gehirns besonders aktiviert beziehungsweise deaktiviert werden, wenn jemand betet, besonders stark meditiert oder irgendwie herumvisioniert.

Mit anderen Worten: Der Glaube spielt sich bei uns eben nicht nur im Herzen ab, wenn er zur Tat wird, sondern er spielt sich auch im Gehirn ab. Das ist natürlich irre. Der Spannungsbogen, den man bei der Neurotheologie jetzt aufzieht, ist gewaltig. Man benutzt quantenmechanisches Gerät, um nachzuweisen, wie der Mensch glaubt. Allerdings ist der nächste Punkt, nämlich festzustellen, ob man vom Wie des Glaubens auch zum Warum des Glaubens kommt, ja, also der muss noch ungeklärt bleiben. Dafür gibt es noch kein physikalisches Gerät. Vielleicht ist dann Neurotheologie doch nicht der richtige Name. Es müsste vielleicht eher so ähnlich heißen wie Neuromentalglaubensforschung.

Marienbilder auf Toast

Kugelblitz

Der Kugelblitz ist eines der rätselhaftesten Phänomene, die es überhaupt auf der Erde gibt. Man hat lange nicht geglaubt, dass es so etwas tatsächlich gibt, und es nur für eine Erscheinung gehalten, wie Marienbilder auf Toastbroten oder UFOs, die sich allzu neugierigen uneingeweihten Augen ja auch gerne entziehen.

Beim Kugelblitz tappte man lange im Dunkeln und hielt das Ganze wahlweise für Teufels- oder Himmelszeug. Das macht man ja gerne, wenn man nicht weiterweiß.

Normalerweise ist ein Blitz eine Entladestrecke. Angenommen, die Atmosphäre ist, relativ zur Oberfläche gesehen, geladen. Was passiert dann? Es blitzt, es gibt ein Gewitter. Ein solcher Blitz kommt dann als Gerade daher oder sagen wir mal als Gezackte, aber in aller Regel als Strecke oder Linie.

Beim Kugelblitz handelt es sich aber offenbar um ein dreidimensionales Gebilde – quasi, als würde sich der Blitz in sich selbst entladen –, das sich kugel- oder eiförmig und selbstleuchtend gerne in Bodennähe tummelt. Das konnte man sich selbstredend überhaupt nicht vorstellen und es hat eine ganze Weile gedauert, bis all die vermeintlich spinösen Erzählungen über Kugelblitze

Wissenschaftler dazu veranlasst hatten, sich ernsthaft mit diesem Phänomen zu beschäftigen. Da sitzt man dann da und wartet. Und zwar lange. Denn das Merkwürdige und Besondere an so einem Kugelblitz ist natürlich, dass er sehr selten auftaucht. Und wenn er das dann tut, dann hat's wieder keiner gesehen.

Inzwischen kann man Kugelblitze im Labor nachbauen und dort machen sie auch all das, was in diesen klabautermannartigen Erzählungen über dieses Phänomen so formuliert und fabuliert worden ist. Nämlich, dass sie durchs Fenster reinkommen und durch die Wand des Wohnzimmers wieder verschwinden.

Im Laborversuch kann man tatsächlich sehen, wie Kugelblitze durch Wände gehen. Was genau sich hinter diesem Phänomen verbirgt, weiß man allerdings immer noch nicht. Die Einen glauben, dass sich während eines Gewitters stehende elektromagnetische Wellen zwischen Himmel und Erde ausbilden, an deren Schwingungsbäuchen Kugelblitze entstehen.

Sie müssen sich Schwingungsbäuche jetzt nicht gleich bildlich vorstellen oder an sich herunterblicken. Hinter diesem herrlichen Wort verbirgt sich ganz öde nur eine Stelle, an der Teilchen mit maximaler Amplitude schwingen.

Andere glauben, dass Kugelblitze durch den Einschlag eines Blitzes in eine Wasserpfütze entstehen; oder dass bei einem Blitzeinschlag Siliziumpartikel freigesetzt werden, die so gut organisiert sind, dass sie sich zu

Siliziumdampfbällen zusammenballen können. Wem das jetzt zu kompliziert ist, der kann sich auch hinter der Hypothese verschanzen, dass das alles eine optische Täuschung ist.

Womit wir wieder beim Anfang wären. Sie sehen schon, in Sachen Kugelblitz gibt es noch jede Menge Forschungsbedarf. Hätten Sie jetzt nicht gedacht, oder?

Socken am Meeresgrund

Bermudadreieck

Auch wenn Sie nun felsenfest behaupten mögen, Ihr ganz persönliches Bermudadreieck befinde sich in der heimischen Waschmaschine (Stichwort: Socken), in den Untiefen Ihrer Handtasche oder auch nur auf dem Schreibtisch (das, was Sie gerade suchen, werden Sie dort naturgemäß nicht finden) – die Wissenschaft hält hartnäckig dagegen.

Und behauptet ihrerseits, das Bermudadreieck reiche von den gleichnamigen Inseln bis zur Südspitze von Florida und bis nach Puerto Rico. Ein Gebiet von fast 600 000 Quadratkilometern – überlegen Sie mal, wie viele Socken da auf dem Meeresgrund herumliegen! Soweit ich weiß, hat das noch niemand untersucht.

Stattdessen liest man nur davon, dass dort immer wieder Flugzeuge, Schiffe oder Menschen verschwinden (obwohl es dort meines Wissens kaum Zigarettenautomaten gibt). Ein Gebiet, in dem offenbar ganz außergewöhnliche Bewegungen stattfinden, in dem so außerordentliche Kräfte am Werk sind wie im Schleudergang Ihrer Waschmaschine.

Reißt da etwa die Raumzeit auf? Ist das Bermudadreieck das Tor in andere Universen? Um das herauszufinden, stecken Sie jetzt bitte nicht den Kopf in die Waschmaschine! Oder passieren hier nur ganz banale Gasbewegungen? Der Angriff der Mörderblase also, die mit größter Freude regelmäßig den Stolz der Luft- oder Seeflotte in die Tiefe reißt? Masseströmungen, die dazu führen, dass Kompassanlagen von Schiffen eben mal ausfallen, dass man ein bisschen die Orientierung verliert und das Meer anfängt zu brennen (das hat Kolumbus jedenfalls behauptet, ob er nüchtern war oder nicht, entzieht sich meiner Kenntnis)?

Mit anderen Worten: Handelt es sich hier um etwas übernatürlich Natürliches? Oder handelt es sich um etwas ganz Normales? Eine Nachfrage beim Schiffsversicherer Lloyd hilft bei der Beantwortung dieser Frage kaum weiter. Statistisch gesehen verschwinden im Bermudadreieck nämlich nicht mehr Schiffe als an anderen Orten der Weltmeere.

Wie also erklärt sich seine Beliebtheit in Sachen Hokuspokus? Alles nur Schmu? Genau genommen ist das Bermudadreieck erst so richtig aufgetaucht, als jemand ein Buch darüber geschrieben hat. Und seit ungefähr zehn Jahren ist es wieder verschwunden. Also mit anderen Worten: Das Bermudadreieck ist quasi in sich selbst verschwunden. Einfach weg.

... 19, ... 20, ich komme!

Tarnkappenbomber

Tarnkappe. Sie kennen doch die Geschichte? Ich frage nur, weil, sie stand ja seinerzeit nicht in der Zeitung. Da hat also der Siegfried ... Konnte der eigentlich lesen? Und wenn ja, was? Zeitungen jedenfalls nicht. Da geht es ihm wie Ihnen. Die gab's schließlich noch nicht. Deswegen hatte der auch so viel Zeit für allerlei Aventüren, wie man das damals nannte. Wenn heute einer mit zwölf Kumpels auszöge, um die Angebetete, notfalls mit Gewalt, davon zu überzeugen, bei ihm einzuziehen, und dabei eine Spur der Verwüstung in der nächstgelegenen Kleinstadt hinterließe (sagen wir mal, die Söhne des Bürgermeisters wären tot und auch das Terrarium des örtlichen Zoos um eine Attraktion ärmer), dann stünde das heute ganz sicher in der Zeitung.

Jedenfalls hat Siegfried gedacht, es würde sich nebenbei ganz gut machen, wenn er Kriemhild etwas Nettes mitbrächte. Einen Hort. Das ist jetzt nicht das, was Sie vielleicht denken, sondern einfach eine ganze Menge Kohle, die der Bürgermeister quasi am Staat vorbei ins Ausland geschafft hat. Dort hat er das alles fein säuberlich gehortet und von einem kleinwüchsigen Herrn namens Alberich anlegen lassen. Weil der aber eine Tarnkappe hatte, konnte er praktisch von jetzt auf gleich verschwinden. Komplett. Er war einfach unsichtbar. Nicht nur für die Steuereintreiber, CDs gab's damals ja auch noch nicht, sondern überhaupt und generell.

Nur der Siegfried, der alte Nibelunge, der hat's gewusst. Und ... Ach, Sie kennen die Geschichte wirklich nicht? Die Nibelungensage von damals? Dann kann ich Ihnen auch nicht helfen. Eigentlich wollte ich sie auch nur als Analogie benutzen für den Begriff Tarnkappenbomber.

Das ist nämlich eine ähnliche Geschichte, nur dass damals ein Schatz versenkt wurde, heute nimmt man Steuergelder dazu, die pflichtschuldige Bürger vorher ordnungsgemäß und nicht über die Alberich-Connection abgeführt haben. Genauer: Man braucht zwei Milliarden Dollar, um das neueste Modell »B-2-Spirit« zu bauen. Das nenne ich Fortschritt. Bei Nibelungs war es noch eine Art Mäntelchen, bei Potters ein Umhang – immerhin Weihnachten anno 1991 – heute darf's etwas mehr sein. Das Prinzip ist immer das gleiche.

Es geht um ein Verfahren, etwas möglichst unsichtbar zu machen. Also jetzt nicht unsichtbar in dem Sinne, dass man es gar nicht mehr sehen kann, sondern vor allen Dingen in dem Sinne, dass es für die elektronischen Geräte in den Radaranlagen des Gegners unsichtbar wird. Und wie macht man das?

Man benutzt bestimmte Formen und Oberflächen, sodass die Radarstrahlen von diesem Objekt so reflektiert und gestreut werden, dass es für den Beobachtenden (also für denjenigen, der da vor dem Radarschirm sitzt) nicht mehr erkennbar ist. Man entwickelt quasi einen Mantel, den man einem Flugobjekt überzieht. Einmal ordentlich den Kragen hochgeschlagen, kann man sich in aller Ruhe umsehen. Wenn es sein muss, auch aus großer Höhe.

Das Fatale ist nur, dass die Entwicklungen in diesem Bereich über viele Jahrzehnte auch zu sogenannten UFO-Sichtungen geführt haben. Weil man sich als Otto Normalverbraucher überhaupt nicht vorstellen konnte, dass solche Geräte, die da am Himmel herumfliegen, solche komischen Flachflügler und dreieckigen Nurflügler tatsächlich von uns Menschen gebaut werden. Weil man keine Erklärung dafür hatte, hat man kurzerhand verbreitet (in der Zeitung zum Beispiel), diese Dinger seien außerirdischen Ursprungs.

Und wenn man so sieht, was das alles kostet, dann gibt man die Hoffnung, das Ganze sei außerirdisch und habe mit unseren Etats nichts zu tun, besser wirklich nicht auf.

Butterfahrten mit Beleuchtung

UFOs

Nicht identifizierbare Objekte am Himmel. Ich meine, natürlich gibt es UFOs, ist doch ganz klar! Man sieht schließlich oft was am Himmel, was man nicht gleich identifizieren kann. Das kann dieses sein, aber auch jenes, also, Sie wissen schon, was ich meine. Es könnte ein Ballon sein, es könnte aber auch eine Wolkenbildung sein, eine ganz besondere Wolkenbildung. Es könnte damit zusammenhängen, dass die Sonne in einem bestimmten Winkel etwas anstrahlt, das da am Himmel herumhängt – aber warum denn immer gleich Außerirdische?! Und warum sind die Außerirdischen, ausgerechnet die Außerirdischen, so scharf darauf, unseren Planeten zu besuchen? Ich will Ihnen mal was verraten: Es gab in den letzten sechzig Jahren mindestens 25 000 Sichtungen von UFOs. Wenn das alles tatsächlich Außerirdische waren, dann sind die hier jeden Tag irgendwo gewesen, dann muss die Geschichte des Pauschaltourismus sofort umgeschrieben werden.

Was mich dabei immer wieder irritiert, ist, dass es immer nur ganz wenige Leute sind, die UFOs sehen. Zum Beispiel Schrotthändler aus Wiesbaden, Yogalehrerinnen aus Wuppertal … Dass die Flugobjekte nicht mal da auftauchen können, wo viele Leute sie sehen würden!

Sagen wir mal an einem Samstagnachmittag – früher konnte man ja noch sagen, »an einem verkaufsoffenen Samstagnachmittag«, heute sind ja alle Samstage verkaufsoffen –, also an einem langen, normalen Samstag über einer Fußgängerzone einer größeren deutschen Stadt. Das wäre doch mal eine Maßnahme. Da könnten dann alle sehen: Die Außerirdischen sind da!

Aber nicht einfach bloß irgendwo am Waldrand erscheinen und einem Rentner die Pilze madig machen, oder gar im Mittleren Westen. Das ist überhaupt ganz bemerkenswert: Die meisten UFOs, also die meisten Landungen von Außerirdischen haben sich im Mittleren Westen der Vereinigten Staaten abgespielt. Jaja, die wissen offenbar, dass es sich dabei um *God's own Country* handelt.

Meister Proper für Klingonen

Tarnung von Außerirdischen

Es geht um die alles entscheidende Frage, ob der Außerirdische sich komplett tarnen würde. Was würde denn der Außerirdische, also nicht nur er oder sie, sondern eine ganze Truppe von Außerirdischen mit einem Raumschiff … das sind ja nun Leute, die – Entschuldigung, dass ich das jetzt so sage, aber ich habe kein anderes Wort dafür und »Kreaturen« will ich nicht sagen –, Leute also, die über eine unglaubliche Technik verfügen.

Wenn Sie sich jetzt einmal vorstellen, dass wir ja schon über Bomber verfügen, die gegenüber Radaranlagen unsichtbar werden können, dann können die Außerirdischen das doch wohl auch. Die können wahrscheinlich sogar elektromagnetische Strahlung so um ihr Gerät herumlenken oder sie durch die entsprechenden optischen Eigenschaften ablenken lassen, dass die Dinger total unsichtbar sind. Also der Erwartungswert ist doch: Wenn sich ein außerirdisches Raumschiff unsichtbar machen will, dann wird es das auch schaffen. Oder es wird sich eben zeigen.

Aber was haben wir bei den UFO-Sichtungen? Was haben wir da regelmäßig? Na? Wenige Menschen sehen eine fliegende Untertasse. Und wer sitzt da drin? Die Außerirdischen, die entweder nicht in der Lage gewesen sind, in ihrem Raumschiff den Unsichtbarkeitsmechanismus anzuschalten, oder diejenigen, die sich verflogen haben, weil sie die Plätze auf der Welt, wo viele Menschen sie hätten sehen können, nicht getroffen haben, weil sie kein GPS an Bord hatten. Stattdessen sind sie Abermillionen von Kilometern geflogen, nur um am Ende Gaspedal und Bremse zu verwechseln und irgendwo in der Wüste zu landen.

Also was immer man sieht bei UFOs, wenn sie denn mal gelandet sind: Es sind in jedem Fall entweder die Doofen oder diejenigen, die sich nicht orientieren können. Und mit denen wollen wir doch eigentlich nichts zu tun haben, oder?

Sand für den Weltfrieden

Wüste Sahara

Nun, die Sahara, die kennen Sie ja alle, Sie wissen auch alle, wo die liegt, wir brauchen also eigentlich gar nicht weiter darüber zu reden. Schließlich will ich Sie nicht langweilen.

Aber wussten Sie, dass die Sahara nicht immer so war, wie sie heute ist? So dermaßen voller Sand. Gut, es gibt noch ein paar Leute da, mit denen sich sicherlich irgendwie reden lässt. Doch im Wesentlichen ist da heute nur Sand. Früher, tja, früher war ohnehin alles besser. Und die Sahara gar keine Wüste. Also ganz früher. Zu einer Zeit, als der Tropengürtel gewissermaßen nach Norden gerückt war. Die Sahara war grün, alles sprießte und blühte, bis dieser Tropengürtel vor etwa 9000 Jahren wieder Richtung Äquator rutschte. Dann wurde aus der grünen Sahara langsam, aber sicher eine Wüste, eine gelbgraue Wüste. Und die ganzen Leute, die damals noch in der Sahara gelebt haben, die sind systematisch weggezogen.

Wissen Sie, wo die hin sind? Zumindest teilweise? Nach Ägypten. An den Nil. Und was sich dort entwickelt hat, wissen wir ja: die große ägyptische Kultur. Wenn man das jetzt mal ernsthaft in Bezug zueinander setzte, könnte man sagen: Wenn die Sahara nicht früh genug zur Wüste geworden wäre, hätten wir möglicherweise keine Pyramiden auf der Erde. Und die Außerirdischen müssten sich einen neuen Landeplatz suchen.

Zumal die Fläche, auf der sie landen könnten, immer kleiner wird. Wegen der vielen Spiegel. Jetzt werden Sie sich vielleicht fragen: Moment mal, da wohnt doch kaum jemand, der da hineingucken könnte. Soll ja auch niemand, es reicht schon, dass sich die Sonne daran erfreut. Die soll beim Anblick dieser Spiegel so strahlen, dass man ihre ganze Freude bündeln und damit eine auf Stelzen stehende Ölrinne erwärmen kann. Auf 500 bis 600 Grad, das ist richtig heiß, das hält keine Fritte mehr aus. Dieses heiße Öl wird zu einem Wärmetauscher gebracht, dort erhitzt es Wasser zu Wasserdampf und jagt ihn dann mit einem Affenzahn über Turbinen. Die wiederum treiben einen Drehstrommotor an und erzeugen auf diese Art und Weise Strom. Man könnte Abertausende Quadratkilometer in der Sahara verspiegeln und auf diese Weise einen erheblichen Teil des Strombedarfs von Europa decken. Vorausgesetzt, man bekommt den Strom irgendwie dahin, das ist gar nicht so einfach. Aber was noch viel toller wäre: Auch die Länder vor Ort hätten etwas davon. Denn die Sahara würde so viel Energie generieren, dass man das Mittelmeerwasser entsalzen könnte. Nicht das ganze jetzt. Wenn Sie sich im Urlaub verschlucken, schmeckt das schon noch oll. Aber den Friedensbemühungen im Nahen Osten könnten große Entsalzungsanlagen, betrieben mit Sahara-Strom, schon beispringen. Und auf diese Weise wird die Sahara vielleicht der Ort sein, an dem sich der Frieden dieser Welt entscheidet. Und wenn dann noch die Vulkanier dort landen, kann wirklich nichts mehr passieren.

Kanal voll

Suezkanal

Es ist ja so, dass man auf einer Weltkarte ganz genau sehen kann, dass uns die Kontinente immerzu Probleme machen. Also vor allem ihre Lage. Da, wo man gerne eine Verbindung hätte, da ist keine. Da, wo man gerne mit dem Schiff führe, achten Sie bitte auf den Konjunktiv!, da geht das nicht. Deswegen bauen wir Menschen Kanäle.

Es gibt ja ganz verschiedene Kanäle, aber einer der berühmtesten ist wohl der Suezkanal. Das ist die Verbindung zwischen dem Roten Meer – die Landkarte sollten Sie jetzt schon vor Ihrem geistigen Auge haben, sonst macht das keinen Sinn – und dem Mittelmeer. Und wenn man sich die Strecke mal ansieht, liegt ganz klar auf der Hand: Da gehörte einfach ein Kanal hin, da hat der oberste Bauherr unseres Planeten einfach geschlampt! Er hat einfach übersehen, dass es da einen Isthmus gibt, den man perfekt durchstechen kann. Ein Isthmus ist ein Streifen Land, der auf beiden Seiten von Wasser begrenzt ist und der zwei größere Landmassen miteinander verbindet.

Die alten Ägypter haben das messerscharf erkannt: Es wäre doch klasse, wenn man nicht immer über Land zockeln müsste, sondern mit Booten gewissermaßen vom Roten Meer über den Nil zum Mittelmeer käme. Der alte Ägypter hat ja bekanntlich nicht lange gefackelt – und einfach gebaut. Vor 2000 Jahren hat man das begonnen, was der Große Baumeister versemmelt hat, und stach vom Nildelta über das Wadi Tumilat und den Timsah-See zum Roten Meer durch; und von dort war es dann nicht mehr ganz so weit zum Mittelmeer.

Der »richtige« Suezkanal wurde 1869 nach einer Bauzeit von zehn Jahren eröffnet und ist derzeit (es wird ja ständig daran herumgedoktert) eine gut 190 Kilometer lange Rinne, die so, na ja, gut 22 Meter tief und – je nach Standort – zwischen 195 und 345 Meter breit ist.

Auf seinem Weg passiert der Kanal verschiedene Bitterseen. Und weil die so salzig sind, hat man sich gedacht, die könnten als eine Art Schleusen fungieren. Weil man Angst hatte, dass durch die neue Verbindung zwischen zwei Meeren, die bis dahin nichts miteinander zu tun hatten, irgendwelche Organismen vom Roten Meer zum Mittelmeer schwimmen, die man da nicht haben wollte. Man dachte, durch die Bitterseen würde nichts, aber auch gar nichts in Richtung Mittelmeer durchkommen – denn diese Seen sind nicht nur voller Salz, sondern auch ziemlich lebensfeindlich.

Kurzum: Die Bitterseen sollten das Eindringen von Lebewesen ins Mittelmeer verhindern. Haben sie aber nicht. Wie die Viecher das geschafft haben, ist unklar.

Aber jetzt sind sie schon mal da, und das ist auch gut so. Man spart sich langes Einsalzen.

God bless America

Nordatlantikstrom

Es war früher ja wirklich manches gut. Aber nicht alles besser. Zum Beispiel war die Lage der Kontinente für uns Europäer deutlich schlechter. Also in vielerlei Hinsicht. Das muss man schon mal sagen. Erstens lag in Europa noch vieles unter Wasser, und zweitens hatten die amerikanischen Kontinente das noch nicht getan, was sie nach Lage der Dinge für uns Europäer eigentlich hätten tun müssen. Nämlich schon längstens die sogenannte mittelamerikanische Brücke zu bilden – also Nicaragua, Panama, Honduras, Costa Rica, ganz oben ist Mexiko, ganz unten ist ... wer ist denn da? ... Kolumbien ist ja dann schon auf dem südamerikanischen ... aber Sie wissen schon, was ich meine. Dazwischen ist ja heute der Panamakanal. Früher, da war ja da nix.

Jetzt stellen Sie sich mal vor, was passiert wäre, wenn Südamerika und Nordamerika einfach so aneinander vorbeigelaufen wären! Dann würde ja heute noch das Wasser, das am Äquator so schön erwärmt wird – warum? Na, weil da die Sonne am längsten steht –, ungehemmt um den Globus gurgeln … und zwar ordentlich an uns vorbei! Dann wäre hier nichts mit angenehmem Klima! Warum das Wasser überhaupt fließen will, wollen Sie wissen? Na, es muss ja irgendwohin. Und wenn's ihm zu heiß wird, da geht es ihm wie Ihnen, wenn Sie zu lange in der Sonne brutzeln, kommt es in Bewegung. Ist doch klar.

Weil die beiden Kontinente dann aber so richtig zusammengerummst sind, wurde es plötzlich abgebremst. Der Golfstrom (dazu gehört der Nordatlantikstrom nämlich) musste auf die Schnelle sein Fließverhalten ändern und biegt heute gewissermaßen am Golf von Mexiko nach Norden ab.

Aber wie das so ist, man ist ja auch als Meeresströmung nicht allein auf der Welt: Von Norden kommt ein Kaltstrom herunter, der Labradorstrom. Und die beiden treffen sich nun also vor der Küste Nordamerikas. Wie die erste Begegnung verlaufen ist, entzieht sich leider meiner Kenntnis. Inzwischen haben sich die beiden aber arrangiert. Weil das kältere Wasser eine höhere Dichte hat, vermischen sich die beiden nur teilweise, das wärmere behält sozusagen die Oberhand – und fließt Richtung Europa.

Stellen Sie sich mal vor, wenn die Kontinente seinerzeit nicht auf Konfrontation aus gewesen wären! Das wäre entsetzlich. Wir würden hier in Europa erfrieren, es würde dieses Buch nicht geben, uns würde es nicht geben, und Sie würden sich über den Nordatlantikstrom überhaupt keine Gedanken machen. Also, wir verdanken im wahrsten Sinne des Wortes fast alles den Amerikanern. Fast.

Torschlusspanik in Gibraltar

Mittelmeer

Das Mittelmeer ist das Meer südlich von Europa und nördlich von Afrika. Das macht's nicht mehr lange. Es hat keine Mittel mehr, um sich als Meer zu halten. Es ist ein Meer, das im Wesentlichen davon abhängig ist, dass im Westen bei Gibraltar der Atlantische Strom noch reinströmt. Durch die tektonischen Bewegungen allerdings (hervorgerufen durch »saures Aufstoßen der Erdmännchen« unter den verschiedenen Erdplatten) wird aus dem Mittelmeer bald ein Mittelmeerchen werden, und dann war's das. Die Erdmännchen haben einen ziemlichen Brand, ziehen einmal kräftig an und schon wird das Mittelmeer eine Pfütze werden, es wird austrocknen, es wird vorbei sein.

Das hat es schon ein paarmal gegeben. Das Mittelmeer ist nicht zuletzt dank der enormen tektonischen Aktivitäten zwischen Europa und Afrika schon einige Male schwerst ausgetrocknet. Vor 7 Millionen Jahren zum Beispiel. Da sind dann so riesige Salzreste übrig geblieben, die werden heute abgebaut. Die streuen Sie sich heute aufs Butterbrot!

Aber jetzt ist aus dem Mittelmeer bald nichts mehr zu holen. Und das ist ein typisches Zeichen für die Veränderungen auf unserem Planeten. Bei uns bleibt nichts so, wie es mal war, sondern alles ist ständig in Bewegung. Letztlich rührt die Bewegung der Platten, die zum Aussterben des Mittelmeers führt, aus dem Innern der Erde. Und zwar von einem Einschlag, der vor 4,56 Milliarden Jahren auf unserem Planeten stattgefunden hat und der heute noch die Erde nachheizt. Afrika bewegt sich dadurch auf Europa zu, und zwar mit der Geschwindigkeit, mit der unsere Fingernägel wachsen. Das Mittelmeer wird verschwinden. Vielleicht sollte man doch noch mal Urlaub da unten machen, bevor wirklich eines Tages bei Gibraltar das Tor zugeht.

Puzzeln mit großen Teilen

Plattentektonik

Eine Idee des 20. Jahrhunderts. Und die war heiß umstritten! Noch bis in die 1950er Jahre hinein war ja überhaupt noch nicht klar, ob die stimmt! Die Plattentektonik sagt nämlich – wie der Name schon sagt –, dass es an der Oberfläche der Erde Platten gebe, die aneinanderstoßen, auseinanderdriften, sich aufschieben, gegenseitig unter … also runterdrücken und so weiter. Das muss ein Gefühl sein wie Montagmorgen in der S-Bahn.

Aber wie kam man überhaupt auf diese Idee? Ist doch genug Platz für alle da, da muss man doch nicht gleich drängeln! Weil wir Deutschen ja gerne drängeln und nicht vernünftig in der Schlange anstehen können, ist ja klar, dass ein Deutscher auf diese Idee mit den Platten kam. Alfred Wegner wunderte sich in den 1920er Jahren über die Ähnlichkeit der Fossilienfunde in Südamerika und Afrika. Als er die Form, die Konturen dieser Kontinente etwas genauer unter die Lupe nahm, stellte er fest: Hm. Die passen doch eigentlich ganz gut zusammen. Wegner brachte nun die Idee auf, dass es einen Urkontinent gegeben haben muss, der im Laufe der letzten 250 Millionen Jahre auseinandergedriftet ist. Und dass es Gräben geben muss, aus denen Material, also Plattenmaterial aufsteigt, und andere Stellen, an denen Plattenmaterial versinkt. Ein großer Gesteinskreislauf quasi.

Angetrieben wird dieser Gesteinskreislauf durch das heiße Erdinnere, das so stark aufgeheizt ist, dass es fast komplett geschmolzen ist. Nur der innerste Kern aus Eisen und Nickel steht unter so hohem Druck, dass er zu einer festen Kugel kristallisierte. Bei jedem Kristallisationsprozess wird Wärme frei. Und durch die Kristallisation des festen Erdkerns entstand ein Wärmeüberschuss im Erdinneren, der zu sogenannten Konvektionsströmungen im geschmolzenen Gestein des Erdmantels führte und auch heute noch führt. Wie ein Topf mit Tomatensauce auf einer heißen Herdplatte immer wieder aufkocht, so brach und bricht noch heute geschmolzenes Gestein unter dem Druck der inneren Strömungen an den dünnsten Stellen durch die Erdkruste durch die Oberfläche.

Weil die Erde früher noch viel heißer war als heute, stachen die inneren Strömungen häufiger durch die Oberfläche und verursachten immer wieder gewaltige vulkanische Ausbrüche. Dabei entstand andauernd neue Erdkruste, die sich abkühlte, dicker wurde und schließlich in ein Mosaik unterschiedlicher Platten auseinanderbrach. Es begann der für unsere Augen unsichtbare, weil offenbar fast unendlich langsame Tanz der Platten, der immer noch anhält – die Plattentektonik.

Die heißen inneren Strömungen des Erdmantels

durchkneteten den Erdkörper und bringen Bewegung in die Platten. Sie schwimmen wie Schiffe auf dem Ozean der heißen, flüssigen Erdmaterie. Hier und da prallen die Platten aufeinander, anderswo öffnen sich Spalten, durch die frisches Gestein als Magma aus den Tiefen aufsteigt und zu neuer Kruste erstarrt. Und diese Drift der Platten führte zur Verschmelzung von Landmassen und Superkontinenten, die ihrerseits wieder in Einzelteile zerbrachen – ein zyklischer Vorgang, der sich auch in Zukunft wiederholen wird.

So gesehen ist die moderne Landkarte, geologisch gesprochen, nur ein Schnappschuss.

Des Pudels Kern

Seismologie

Haben Sie kürzlich Zeitung gelesen? Und sind dabei auf einen Artikel gestoßen mit der Überschrift »Weltweites Busenbeben«? Eine tolle Sache! Bislang galt es ja unter Wissenschaftlern als ausgemachte Sache, dass Erdbeben durch plattentektonische Vorgänge ausgelöst werden. Alles Quatsch, behauptete zumindest ein iranischer Prediger. Er wartete mit einer aufsehenerregenden neuen Theorie auf: Frauen, die sich freizügig kleideten und damit junge Männer vom rechten Weg abbrächten, deren Keuschheit korrumpierten und Unzucht in der Gesellschaft verbreiteten, würden die Gefahr von Erdbeben erhöhen.

Wie jetzt? Erdbeben sind also weniger Schwingungen des Erdkörpers als solche des weiblichen? Es scheint, als habe der Mann recht. 150 000 Frauen stellten ihr Dekolleté in den Dienst der Wissenschaft und versammelten sich mit entblößtem Oberköper zum »Boobquake Day«. Ob sie dabei noch hüpften, um die Schwingungen zu verstärken, weiß ich nicht. Tatsache ist, dass just an diesem Tag ein heftiges Erdbeben Taiwan erschütterte. Ist die Macht der »Unanständigkeit« damit belegt? Die Seismologen waren aufgeschreckt und beeilten sich, den Zusammenhang von Busen und Beben herunterzuspielen. Es gebe trotz dieses Ereignisses keinen Beweis für eine »Korrelation zwischen Bekleidung, individuellem Verhalten von Menschen und Erdbeben«.

Ob das auch im Iran angekommen ist, weiß ich nicht. Jedenfalls können sich die Seismologen nun wieder auf ihre eigentliche Arbeit konzentrieren. Und werden nicht ungebührlich abgelenkt. Obwohl Seismologen ja auch sonst immer sehr genau hingucken. Beim Menschen macht man so eine Durchleuchtung ja mit Ultraschall oder Infrarot (da kommt man aber nicht weit, da sieht man ja nur die Wärmestrahlung) und natürlich Röntgenstrahlen. Weil diese Strahlen das Material durchdringen können. Aber was durchdringt denn den Erdkörper? Das sind vor allem Schallwellen. Also Druckwellen,

Druckdichteschwankungen. Die laufen durch den Erdkörper und haben, je nachdem, durch welches Material sie gerade laufen, höchst unterschiedliche Eigenschaften.

Aber was kriegt man jetzt damit raus? Nun, die Erde hat eine Kruste, die ist relativ dünn; dann kommt der Erdmantel, dann kommt der äußere Erdkern, der ist flüssig; und dann kommt der innere Erdkern, der ist fest. Der innere Erdkern ist die ultimative Energiequelle, weil der äußere Erdkern durch seine Flüssigkeit an den inneren auskondensiert.

Woher man das alles weiß? Na, von den seismischen Wellen. Es gibt nämlich Wellen, die vor allen Dingen dann durch den Erdkörper laufen, wenn die Erde ein Erdbeben erlebt. Bei Vulkanausbrüchen oder Erdbeben, wann immer sich also an der Oberfläche irgendwelche großen Massen verändern (also doch?) und sich die sogenannten Lithosphärenplatten verschieben, werden Wellen ausgelöst. Und diese Wellen laufen durch den Erdkörper hindurch und so können die Seismologen herausfinden, aus was die Erde im Innersten besteht. Also nicht das, was die Welt im Innersten zusammenhält, aber wenigstens, woraus unser Planet besteht, auf dem wir mehr oder minder bekleidet herumhüpfen, das klärt die Seismologie für uns. Die Aktivistinnen des »Boobquake Day« jedenfalls haben einen anderen wissenschaftlichen Beweis erbracht: Fundamentale Forschungsvorhaben müssen nicht langweilig sein. Na dann!

Schöner Wohnen

Phytolithen

Pflanzensteine oder versteinerte Zellen – was hätten Sie denn gerne? Es gibt ja eine klare Unterscheidung: tote Materie – lebende Materie. Und die lebende Materie ist in der Lage, tote Materie aufzunehmen und sie zu verwandeln.

Das ist wie bei uns. Wir (lebende Materie) essen eine Schweinshaxe (totes Bein vom Schwein) und verwandeln es wahlweise zu Hüft- oder Bauchspeck. Und wenn wir genug davon essen, haben wir das Gefühl, wir hätten einen Stein im Magen.

Und wie verhält es sich jetzt mit den Phytolithen? Die Phytolithen sind das Resultat einer sogenannten Biomineralisation. Normalerweise bilden sich Minerale dadurch, dass sich beispielsweise Atome unter bestimmten Druck- und Dichteverhältnissen etwa zu einem Kristall anordnen. Bei Phytolithen handelt es sich um einen biologischen Prozess, der anorganisches, also totes Material verwendet und zu einer bestimmten Struktur verarbeitet. Auf diese Art und Weise entstehen Versteinerungen, die verwendet werden können, um herauszufinden, was damals, also vor 65 Millionen Jahren, von einem Dinosaurier gefuttert worden ist.

Die Hinterlassenschaften der Tierchen versteinern

nämlich, wenn man nur lange genug wartet. Und der Vorteil ist: Die Phytolithen gehen nicht so einfach kaputt. Während das organische Material verwest, bleiben sie übrig. Außerdem haben sie noch den netten Effekt, dass die Bildung von Phytolithen durch Pflanzen beispielsweise dazu führt, dass eine ganze Menge Kohlenstoff im Boden versenkt wird und lange, lange Zeit nicht wieder auftaucht. Außerdem ist es die alleraller-erste Bauform gewesen, die Lebewesen hier auf der Erde hinterlassen haben: die sogenannten Stromatolithen. Sie entstanden aus einer der ersten Lebensformen auf der Erde – der schleimigen Substanz von Blaualgen (sogenannte Cyanobakterien). Dieser »Urschleim« bewirkte das Einfangen und Einbinden von Sedimentpartikeln auf dem Meeresboden und im Wasser. So bildeten sich in den Wattenmeeren der Erdurzeit, aber auch in flachen tropischen Gewässern brotlaibartige, riffartige Kalkablagerungen, die aus feinen lamellenförmigen Schichten aufgebaut sind und von Blaualgen nicht nur gebaut, sondern auch als Wohnhaus verwendet wurden. Home, Sweet Home!

Schwierigkeiten mit der Hausverwaltung

Kohlenwasserstoffverbindungen

Gucken Sie sich doch mal um! Na? Sehen Sie's? Alles um Sie herum voller Kohlenwasserstoffe. Sie selbst sind auch so 'n Kohlenwasserstoff.

Kohlenstoffverbindungen, also lange Ketten vor allem, und Ringverbindungen, Kohlenwasserstoffverbindungen … ich weiß gar nicht, worüber ich reden soll, denn es gibt so wahnsinnig viele Verbindungen dieser Sorte, über die man reden könnte. Und ich weiß gar nicht, wo man anfangen soll.

Um es kurz zu machen: Es geht vor allem um den Stoff Kohlenstoff. Carbon, C, mitten im Periodensystem, hat vier Bindungsärmchen, also vier Möglichkeiten, sich zu verbinden. Das haben Sie sicher auch in der Schule gelernt. Es verbindet sich vor allen Dingen gerne mit sich selber, also mit Doppelbindung und Dreifachbindung, und das gewährleistet nun, dass sich Kohlenstoff in langen Kettenmolekülen, aber auch in Ringmolekülen zusammenbringt. Und immer bleiben dabei Bindungsärmchen übrig. Da kann sich dann Wasserstoff andocken, aber auch Stickstoff oder Sauerstoff.

Sie brauchen nur Ihren Nebenmann oder sich selbst anzugucken und schon sehen Sie Kohlenstoffverbindungen. Das ganze Leben ist eine einzige große, lange Kohlenstoffverbindung. Das ist der Stoff, aus dem im Universum Lebewesen gemacht werden. Auf unserem Planeten sind Kohlenwasserstoffe aber gerade diejenigen Stoffe, die uns die größten Schwierigkeiten machen. Und zwar in einer besonderen Form: als Erdöl und als Erdgas. Auch die sind nichts anderes als Kettenmoleküle, die, ja, die uns momentan einfach ausgehen. Wir haben so viel davon verbraucht, in relativ kurzer Zeit, obwohl es unglaublich lange gedauert hat, bis diese Stoffe überhaupt erst einmal entstanden sind. Kohlenwasserstoffverbindungen, die wir heute als Rohstoffe abbauen, die haben teilweise 50 oder 60 Millionen Jahre gebraucht, um zu werden.

Das ist nämlich im Grunde genommen nichts anderes als Biokompost ... über die Jahrmillionen natürlich etwas zusammengepresst und dann irgendwann entweder zu Kohle geworden, zu Erdgas oder zu Erdöl. Organische Sedimente also, die sich im Laufe der Zeit verwandelt haben.

Kohlenwasserstoffverbindungen waren die ganze Zeit der Motor, der den Wohlstand in einem großen Teil der Welt angetrieben hat. Momentan merken wir allerdings, dass es uns ziemlich schwerfällt, von diesem Stoff wieder loszukommen. Eine clevere Lösung ist noch nicht in Sicht, und auch der Versuch, selbst Biokompost auf Ihrem Balkon zu produzieren, damit Sie im Winter nicht frieren müssen, ist nicht wirklich vielversprechend. Bis da mal Briketts draus werden, ist der Balkon längst vom Haus gebröckelt. Und das kann zu Schwierigkeiten mit der Hausverwaltung führen. Oder mit der Polizei, wenn der Balkon jemandem auf den Kopf fällt.

Andererseits: Ihnen kann's ja wurscht sein, Sie sind bis dahin längst selbst dabei, sich zu verwandeln. Sie wissen schon: Staub zu Staub.

Aber die Tatsache, dass Sie zu organischen Sedimenten mutieren, löst die Energiekrise jetzt auch nicht.

Zur schönen Aussicht

Sand

Wie jetzt … Sand? Ja, Sand! Sand eben. Das, was einem so durch die Finger läuft oder in die Augen gestreut wird, oder man hat auf Sand gebaut oder etwas in den hineingesetzt. Oder man steckt den Kopf in den Sand oder sich selbigen in den Kopf. Den Sand meine ich.

Wenn man sich diese Redewendungen so ansieht, kann man sich des Eindrucks nicht erwehren, dass Sand etwas sehr Negatives ist. Woran das liegt? Keine Ahnung. Obwohl: Sand ist ja eigentlich eine Gesteinsleiche. Gelebt hat er zunächst sozusagen am Meeresboden – Sand ist letztlich zusammengepresster Meeresboden, der immer weiter überlagert wurde und durch

Druck so stark komprimiert wurde, dass daraus Sandstein wurde. So etwas liegt einem ja eher schwer im Magen, kein Wunder, dass es der Erde irgendwann mal hochgekommen ist. Auf diese Weise kommt der Sandstein dann an die Oberfläche.

Das Elbsandsteingebirge ist beispielsweise genau so entstanden. Es war Teil jenes Meeres, das früher Europa bedeckt hat. Europa war Meer, und im Zweifel lässt sich das alles zurückführen auf den Tag, wo's mal so geregnet hat, vor 65 Millionen Jahren.

Kaum hat unser Sand die Erdoberfläche erblickt, geht's schon los. Wind und Wetter (die sogenannte Erosion), wild gewordene Baumeister, die ganze Blöcke aus ihm heraustrennen, Autoabgase, Sandstrahlgebläse … Es ist ein Elend. Und mit der Zeit zerbröselt so das Material wieder und aus dem Sandstein werden lauter kleine Gesteinsleichen. Die verteilen sich dann immer mehr und immer weiter auf unserem ganzen Planeten, getreu dem Prinzip: Was da unten aus dem Inneren eines Planeten rauskommt, verschwindet entweder irgendwann, oder wer das nicht mehr rechtzeitig hinbekommt, wird an der Oberfläche eben zu Sand zermahlen. Übrigens: Wer den Kopf in den Sand steckt, wird nur noch am Hinterteil erkannt. Oder hier, noch einer: Den Kopf in den Sand zu stecken, verbessert nicht die Aussicht.

Das Gesetz des Ohrwurms

Epidemie

Eine Epidemie ist etwas, das mit einem Aufenthalt oder einer Ankunft zu tun hat. Und zwar mitten unter uns. *Epi* heißt ja im Griechischen unter anderem »mitten unter« und *demos* ist das Volk. Zusammengenommen heißt Epidemie also sinngemäß »etwas, das ankommt, verbreitet sich im Volk«.

Wer oder was da ankommt, sich aufhält und dann auch noch verbreitet, ja, das kann sehr unschön werden. Innerhalb einer kleinen Gruppe kann sich ja alles Mögliche verbreiten. Das kennt man schon vom Stille-Post-Spielen. Und da kann sich weit mehr verbreiten als nur eine falsch verstandene Neuigkeit. Viren zum Beispiel – also die Leute werden krank, weil sie sich gegenseitig den neuesten Klatsch ins Ohr flüstern und bei der Gelegenheit …

Es können also nicht nur Gerüchte sein, die sich ausbreiten, sondern alles, was sich in relativ kurzer Zeit über eine kleine Gruppe hinaus in einer größeren Gruppe ausbreitet, das nennt man Epidemie. Die schönste Epidemie, die ich verursachen kann, ist, dass ich anfange, irgendein Lied zu pfeifen. Das ist idealerweise ein Ohrwurm, etwas ganz Grässliches, ein Lied aus der Kategorie »Gott, so was kennst du?!«, und schon haben die anderen diesen Ohrwurm den ganzen Tag im Kopf. Da können die gar nichts, aber auch gar nichts dagegen machen. Das Einzige, das hilft, ist, dass man den alten Ohrwurm durch einen neuen ersetzt. Dass man also auf der Straße, im Büro, in der U-Bahn jemanden anspricht und bittet, er oder sie möge einem doch mal was flüstern. Oder pfeifen.

Aber im Grunde genommen macht es das auch nicht besser, weil man weiß ja auch gar nicht, was man da so noch alles abkriegt. Jedenfalls ist so eine Ohrwurmepidemie die fürchterlichste Epidemie, die von Zeit zu Zeit in meinem Umfeld wütet. Ansonsten gibt es *so* katastrophale Epidemien, dass ich … also gucken Sie doch einfach woanders nach.

World-Wide-Virus

Pandemie

Eine Pandemie ist eine Epidemie, die sich, ja, die sich über die ganze Welt verteilt. *Pan* ist ja alles, also das Ganze, und Pandemie, das ist dann wirklich eine … also, da können Sie auch noch mal nachgucken unter Katastrophe. Das gehört ja auch zu den Katastrophen, wenn sich etwas über den gesamten Erdball verteilt.

Da gab es zum Beispiel Anfang des vergangenen Jahrhunderts die Spanische Grippe. Die hat ja Hunderttausende von Toten gefordert. Oder im Mittelalter die Pest. Und in unseren Tagen Corona. Epidemien wurden zu Pandemien, weil sie von einem Kontinent zum anderen gesprungen sind. Man spricht also immer dann von einer Pandemie, wenn sich etwas über den ganzen Planeten verteilt. Wenn die ganz großen Fürchterlichkeiten, die Viren und Bakterien anrichten können, auch im hintersten Winkel der Welt mit aller Macht zuschlagen. Das fiel solchen Bakterien und Viren im Mittelalter natürlich deutlich schwerer, als heute. Eine Ratte, Hauptüberträger der Pest in Form von Flöhen, die sich im Fell der Nager tummelten, kommt per pedes nun mal nicht ganz so schnell so weit, wie der heutige Hauptüberträger von Covid-19, der weltbereisende Mensch. Lange schien es, als würden diese mysteriösen Erkältungskrankheiten, die sich Vögel (H5N1) und Schweine (H1N1) und Dromedare (MERS-CoV) zuziehen, zumindest für den Menschen keine pandemische Gefahr darstellen. Es gab epidemische Ausbrüche hier und da (gerne ganz weit weg, das hat uns in Europa so sehr interessiert, wie ein platzender Reissack in China) und außerdem recht schnell Impfstoffe. Und der Ruf der Fledermaus – sozusagen der Floh für diese ganzen neuzeitlicheren Influenza-Virus-Subtypen – war ohnehin schon seit Ewigkeiten ruiniert. Kein Grund zu Panik also. Heute ist der prominenteste Vertreter derer, die glauben, das Virus würde wie von Geisterhand von selbst verschwinden, wohl der amerikanische Präsident.

Das hat aber nicht mal mit dem gleichnamigen Bier geklappt, auch wenn fast 40 Prozent der Amerikaner versichern, derzeit unter keinen Umständen eine Flasche des Gebräus zu kaufen. Nein, das Virus ist gekommen, um zu bleiben. Wir – und unser Immunsystem – werden lernen müssen, damit zu leben. Abstand, Maske und Hygiene, bis der Impfstoff kommt.

De facto muss man natürlich sagen: Heutzutage haben wir noch ganz andere Pandemien, die gar nichts mit Viren und Bakterien zu tun haben. Nämlich globalisierte Phänomene. Da singt zum Beispiel jemand im Internet und schon breitet sich das Geträller pandemisch aus. Auch dort, wo die Leute es vielleicht gar nicht verstehen. Schauen Sie doch mal ins Internet, da können Sie viele Sachen sehen, die längst zur Pandemie geworden sind. Vielleicht ist das Internet sogar selbst eine Pandemie. Und damit meine ich jetzt nicht diese Computerviren, sondern einfach die Tatsache, dass wir alle auf der ganzen Welt, also pandemisch, vor solchen Bildschirmen sitzen.

Aber im Grunde genommen könnte sich doch auch mal etwas Positives über die ganze Welt verbreiten. Eine Gute-Laune-Welle zum Beispiel. Ich meine, wir leben ja hier in einem Teil der Welt, wo gute Laune eine ganze Zeit lang eher zu den begrenzten Ressourcen gehörte. Gut, das ist besser geworden, aber trotzdem wäre eine solche pandemische Welle nicht schlecht. Aber eine richtige muss es sein, keine aufgesetzte, die uns ganz durchdringt und beschwingt. Das klingt Ihnen etwas zu religiös? Hm. Vielleicht sind Religionen ja auch Pandemien, wer weiß? Denn es ist schon ein interessantes Phänomen, dass die Leute aus unerfindlichen Gründen einfach nicht aufhören wollen zu glauben.

Aber jetzt stellen Sie sich doch mal Folgendes vor: Wenn man gleichzeitig die Nachrichten auf der ganzen Welt anschauen würde (gut, das ist etwas problematisch, die Welt dreht sich ja und bloß weil es bei Ihnen zuhause gerade 8 Uhr abends ist und Sie die Tagesschau gucken wollen, legt die Welt ja keine Pause ein. Bei den Einen ist der Tag schon vorbei, bei den Anderen hat er noch gar nicht angefangen. Also nur hypothetisch jetzt!) – das wäre doch der schlimmste Horrortrip, auf den man kommen kann! Die schlechten Nachrichten schwappen pandemisch durch alle Kanäle! Eine Katastrophe jagt die nächste! Nicht auszuhalten. Und eigentlich der Moment, in dem man zu einem kollektiven Brückensturz aufrufen müsste. Weil die Welt ein einzig Jammertal und der Mensch so schlecht. Aber so schaut's nun mal aus. Wie schön wäre es deshalb, wenn sich alle internationalen Nachrichtensender dazu verpflichten würden, mindestens an einem Tag im Jahr nur und ganz ausschließlich rund um die Uhr positive Nachrichten zu bringen. Sollte das Wetter schlecht werden, wird darüber nicht berichtet. Das wär' doch mal 'ne schöne Pandemie! Und wenn Sie trotzdem wissen wollen, wie das Wetter wird, schauen Sie doch einfach aus dem Fenster …

Hamlet hatte recht

Stille

Stille kann natürlich im öffentlichen Raum nicht still bleiben. Stille muss einfach diskutiert werden. Etwa im Sinne von: Was für eine Stille wollen wir in Deutschland? Wollen wir eine stille Stille oder wollen wir eine etwas lautere Stille? Wollen wir – gerade auch in der Stille – miteinander still sein? Und miteinander still sein heißt natürlich auch füreinander still sein. Also mit den anderen still sein.

Ja, auch Sie! Jetzt in diesem Augenblick. Seien Sie doch mal still. Wie? Das halten Sie nicht aus? Sie meinen, richtige Stille geht gar nicht? Weil immer irgendetwas tickt und brummt und dröhnt oder redet? Die Nachbarn, die Leute draußen oder in Ihrem Kopf. Mit denen, also denen in Ihrem Kopf, ist das schon schwierig. Aber wenn Sie denen mal so richtig den Marsch blasen würden ... meinen Sie dann nicht, dass die endlich die Klappe hielten?

Wie? Sie müssen lauter reden, sonst verstehe ich Sie nicht! Ach so, mit dem Marsch, das wäre blöd, weil das ist ja dann auch wieder eine unstille Stille.

Aber glauben Sie mir, Stille geht wirklich. Es ist eine reine Definitionssache, eine Frage, die jeder für sich allein beantworten muss. In Stillarbeit sozusagen. Und es ist Auslegungssache, wie still Sie Stille haben wollen.

Das ist allerdings wiederum eine Frage, die man dringend erörtern müsste. Aber bitte still. Ganz still. Vielleicht sollte man sowieso am besten gar kein Wort darüber verlieren.

Haben Sie schon mal eins verloren? Ein Wort, meine ich jetzt. Das ist nämlich eine dumme Sache, so ein Wort zu verlieren. Ich meine, wohin soll man sich denn in so einer fatalen Situation wenden? Ans Fundbüro? Einmal davon abgesehen, dass Ihnen die Damen und Herren hinter dem Schalter nicht nur mit ausdruckslosem Gesicht, sondern vermutlich auch mit Schweigen – also Stille – begegnen würden. Selbst wenn Sie an einen nicht stillen Amtsmitarbeiter geraten würden, würde Ihre Suche nach dem verlorenen Wort ja nur von Erfolg gekrönt sein, wenn ein hilfreicher Mensch es dort abgegeben hätte. Wenn er auf der Straße oder sonst wo darüber gestolpert wäre und sich gedacht hätte: Hoppla, ein herren- oder damenloses Wort, das vermisst bestimmt schon jemand. Oder wenn er im Fernsehen quasi live mitbekommen hätte, wie jemand, etwa ein Politiker oder Prominenter, mit allerlei Ähs darauf aufmerksam macht: Huh, ich habe ein Wort verloren, und mit verzweifeltem Blick zum Himmel oder zu den Fundämtern den geneigten Fernsehzuschauer darauf aufmerksam zu machen sucht, doch bitte mal auf dem Teppich oder dem Fernsehtisch nachzusehen, ob das Wort da vielleicht hingefallen ist.

Das wäre mal TV-aktiv! Da könnten Sie sich den Mitgliedsbeitrag im Sportverein glatt sparen. Aber Sie haben recht, bis Sie das Wort gefunden und zum Fundbüro gebracht haben, das dauert schon ein Weilchen. Und bis dahin ist der Rest Schweigen. Ist ja auch mal ganz schön. Oder ganz öde.

Im All ist man im Allgemeinen allein

Kosmische Langeweile

Apropos Stille! Der Kosmos ist das Langweiligste, was es überhaupt im ganzen Universum gibt. Da passiert ja nichts! Überhaupt nichts! Also gar nichts, da ist nichts los. Der ist so leer, dass man gar nicht weiß, warum sich überhaupt irgendjemand mit ihm beschäftigt.

Die Abgründe von Raum und Zeit sind so gewaltig, dass es einen schauert. Und wenn es lange genug geschauert hat, dann wird es eben langweilig. Im Grunde wissen Sie doch ganz genau, was ich meine. Schauen Sie einfach mal abends in den dunklen Nachthimmel. Na, was sehen Sie?

Dunkelheit, durchsetzt von ein paar kleinen funkelnden Lichtchen, die allermeisten davon sind Sterne, also strahlende Gaskugeln. Jetzt lassen wir die paar Planeten mal weg, dann haben Sie gerade die totale Leere des Universums genossen. Wenn es da draußen nämlich irgendwelches Material gäbe, dann würden Sie das Licht der Sterne gar nicht sehen, das wäre dann gar nicht bis an Ihr Auge gedrungen.

Wie leer das Universum ist, ist wirklich erschütternd: Während die mittlere Luftdichte auf dem Planeten Erde pro Kubikzentimeter 10 hoch 20 Teilchen ist, ist der Kosmos quasi total leer, also fast völlig leer. Da gibt es ein Teilchen pro Kubikmeter. Warum es also überhaupt irgendjemanden geben sollte, der sich durch den Kosmos hindurchbewegt, um irgendwo anzukommen, ist mir völlig schleierhaft. Etwas Langweiligeres, als da draußen durch den total leeren Raum zu fliegen, kann ich mir nicht vorstellen. Außerdem verliert man auch noch sein Gewicht, wenn man von dem eigenen Planeten wegkommt, man wird ständig mit Strahlung bombardiert, man ist immer mit den gleichen Leuten zusammen, also etwas Öderes als interstellare Reisen kann es überhaupt nicht geben. Vielleicht ist das ja auch der Grund, weshalb die meisten Lebewesen auf den Planeten darauf verzichten, irgendwelche anderen Planeten zu besuchen. Und deswegen werden wir nie mitkriegen, was mit den anderen ist. Weil es denen auch zu blöd ist, zu uns zu kommen. Im Übrigen gilt: Es gibt nicht Tödlicheres als Langeweile.

Von Quarktaschen und anderen Teilchen

Teilchen! Das ist ein ganz wunderbarer Begriff. Im Rheinland, aber nicht nur da, sagt man ja zu süßen Stückchen Teilchen. Zu diesen blätterteigigen Täschchen mit süßen Früchten oder Nüssen, wo man noch Stunden später die Finger voll klebrigem Zuckerguss hat. Es gibt sie natürlich auch aus Hefeteig, aber süß müssen sie in jedem Fall sein, damit sie auch gut zur Tasse Kaffee am Nachmittag passen.

Ich könnte jetzt noch stundenlang das Hohe Lied auf die deutsche Bäckerinnung singen, aber eigentlich meinte ich mit Teilchen etwas ganz anderes. Das Teilchen, das ich meine, das geht auf so 'ne Theorie zurück, nein, Theorie kann man eigentlich nicht sagen, vielleicht eher auf eine Hypothese ... nein, das stimmt jetzt auch nicht.

Also, das geht eher auf eine Vorstellung zurück. Und die kam so: Ein halbes Jahrhundert vor Christus hatten die alten Griechen noch ganz viel Zeit. Der Euro war noch nicht erfunden, das Bankwesen und der Tourismus steckten in den Kinderschuhen, also hat man sich Gedanken über den Urstoff gemacht. Thales von Milet war der Meinung, alle Stoffe seien nur verschiedene Aspekte des Urstoffes Wasser; und auf dem würde die Erde als flache Scheibe schwimmen, und über allem aufgespannt würde sich das wasserhaltige Himmelsgewölbe spannen. Macht ja auf den ersten Blick auch Sinn, denn schließlich kommt der Regen ja von oben. Anaximedes, den alten Luftikus, hat das nicht beeindruckt. Er war der Meinung, Luft sei der Urstoff, der Richtung Mittelpunkt des Universums zusammengepresst würde, wodurch die Elemente Wasser und Erde entstünden. Der Glaube, aus nix Materie machen zu können, war also schon bei den alten Griechen weit verbreitet. Bis Heraklit die Sache über den Haufen geworfen hat; weil sich ja alles dauernd wandelt, könne nur Feuer der Urstoff sein, weil, das wandelt sich nun einmal auch sehr gerne.

Jedenfalls hat am Ende ein Herr namens Empedokles den ganzen Sums zusammengefasst und beschlossen, es gibt einfach vier Elemente und wer da jetzt wen wohin treibt, sei doch eigentlich egal.

Und dann? Dann wurde es ihnen wieder ein bisschen langweilig. Sollte das jetzt der Weisheit letzter Schluss sein? Auftritt Demokrit und Leukipp: Diese beiden Herren postulierten nun, dass die gesamte Natur aus kleinsten unteilbaren Einheiten oder Teilchen zusammengesetzt sei. *Atomos* war das Wort der Stunde, der ganze Satz dazu lautete: »Nur scheinbar hat ein Ding eine Farbe, nur scheinbar ist es süß oder bitter; in Wirklichkeit gibt es nur Atome und leeren Raum.« Und wenn diese Atome sich nun zusammenrotten, dann erscheinen sie als Wasser, als Feuer, als Pflanze oder als Mensch. Das ist doch ’n Ding!

Blöd war nur, dass man diese kleinen Teilchen nicht finden konnte. Eine Sackgasse. Es hat ziemlich lange gedauert, bis man eines schönen Tages die Atome entdeckte. Und man entdeckte auch, dass in den Atomen … also dass die gar nicht unteilbar sind. Sondern dass diese Teilchen, nämlich die Atome, wiederum aus anderen Teilchen bestehen. Aus den Elektronen, die sind negativ geladen, also schlecht gelaunt. Und aus den Protonen, die sind positiv geladen – obwohl sie viel schwerer sind als die Elektronen. So etwas wäre in der heutigen Zeit ja undenkbar! Schwer und gut gelaunt, das wäre ja ein Schlag in die Magengrube eines jeden Salatblattfetischisten.

Jedenfalls: Man fand heraus, dass ein Atom aus einem Kern besteht, dem *Nukleus;* der ist positiv geladen und umgeben von einer Elektronenhülle, die negativ geladen ist. Aber damit nicht genug: Man fand heraus, dass es neben den Protonen und Elektronen auch noch Neutronen gibt. Die sind neutral. Und dass die Protonen und Neutronen ihrerseits wiederum aus anderen Teilchen bestehen. Nämlich den Quarks. Der Wahnsinn! Teilchen über Teilchen, wohin man auch guckt. Die Quarks kamen gleich mit der ganzen Verwandtschaft daher – drei Familienzweige! Mit sonderbaren Namen: Up- und Down-Quark, Strange- und Charm-Quark, Bottom- und Top-Quark. In der Elementarteilchenphysik spricht man in diesem Zusammenhang von Quark-Flavours, von englisch für Geschmack. Was mich jetzt direkt wieder zu den Teilchen in der Bäckerei bringen könnte. Aber das wäre nun wirklich Quark.

Und vor allem, die Geschichte ist ja noch längst nicht zu Ende: Heutzutage sind wir mit 27 Kilometer großen Beschleunigern auf der Suche nach den allerletzten Teilchen. Den Hicks …, nein, den Higgsteilchen.

Und was machen wir jetzt mit den ganzen Teilchen? Das Wichtigste ist doch, dass man mit der Forschung an Atomen und Atomkernen endlich etwas zusammenbauen kann. Und das nennt man das Periodensystem der Elemente. Denn jedes chemische Element wird charakterisiert durch die Anzahl seiner Protonen im Kern. Kern Nummer Eins heißt Wasserstoff. Kern Nummer Zwei heißt Helium, hat also zwei Protonen. Kern Nummer Drei Lithium, Kern Nummer Vier Beryllium und so weiter und so weiter. Das Tolle ist, es scheint kein Ende absehbar, nur die Namen scheinen langsam auszugehen. Oder wie sonst ließe sich erklären, dass man 1994 ein Element mit dem Namen Darmstadtium entwickelt hat. Das gibt es wirklich, es hat die Ordnungszahl 110 im Periodensystem der Elemente. Und das, obwohl man in Hessen zu Teilchen gar nicht Teilchen sagt. Man kauft sich e babbisches Stücksche und trinkt dazu e Käffsche. Mit oder ohne Flavour, ganz wie Sie wollen.

Post aus der DDR

Periodensystem

Erinnern Sie sich noch? Wer hatte Kartendienst? Ja! Früher war das so. Da hat man in der Schule das Periodensystem der Elemente nur auf so einer ziemlich großen Karte im Klassenraum aufgehängt. Sonst hat man das ja eigentlich nie gesehen. Heutzutage gibt es das natürlich digital. Aber was steht denn da eigentlich drin? Nun, im Periodensystem der Elemente sind die chemischen Elemente angeordnet. Hätten Sie jetzt nicht gedacht, oder?

Das fängt zum Beispiel mit einer ganz einfachen Periode an, die besteht nur aus zwei Elementen, nämlich Wasserstoff und Helium. Das konnte man sich schnell merken. Das waren im Übrigen auch die ersten beiden Elemente, die im Universum gemacht wurden, nach drei Minuten. Alle schwereren Elemente als Helium – also Lithium, Beryllium, Bor, Kohlenstoff, Stickstoff, Sauerstoff, Fluor, Chlor und so weiter – werden in Sternen erbrütet.

Und das Tolle ist nun am Periodensystem der Elemente, dass wir es verstehen. Da gibt es zum Beispiel auf der linken Seite die Alkalimetalle. Lithium, Kalium, Natrium und so weiter. Auf der äußersten rechten Seite gibt es die Edelgase. Die machen gar nix. Die Alkalimetalle verbinden sich mit allem, was bei drei noch nicht auf den Bäumen ist; die Edelgase sind sich zu edel, die verbinden sich mit niemandem. Dazwischen gibt es die Elemente, die für uns von großer Bedeutung sind, wie zum Beispiel Kohlenstoff. Aber dazu an anderer Stelle mehr.

Das Periodensystem der Elemente gibt also an, welche verschiedenen Eigenschaften welchen chemischen Elementen zuzuordnen sind. Man hat also die Metalle und die Nichtmetalle. Geschenkt. Gase und Nichtgase, also das, was festes Material darstellt. Und wissen Sie, was das Tollste am Periodensystem der Elemente ist? Es gibt keine Lücken. Jaja, wir kennen alle atomaren Bestandteile des Universums. Im Periodensystem ist alles drin. Also unter uns gesagt: Das ist wie eine Briefmarkensammlung der Deutschen Demokratischen Republik. Da kommt nichts mehr dazu. Das ist vorbei. Das Periodensystem der Elemente ist eine der wenigen Erkenntnisse, die wir Menschen auf diesem Planeten haben, welche wir noch in 500 Millionen Jahren unseren Kindern und Kindeskindern erzählen werden. Wenn es uns dann noch gibt.

Mit der Kühltasche in die Tundra

Treibhauseffekt

Nur noch mal, damit es allen klar ist. Natürlich ist es allen klar, aber ich sag's trotzdem noch mal. Die Sonne hat eine Oberflächentemperatur von 5500 bis 5800 Grad. Sie schickt ihr sichtbares Licht auf den Planeten Erde, der in 150 Millionen Kilometer Entfernung diese Strahlung aufnimmt. Die Oberfläche erwärmt sich und diese Wärmestrahlung der Erde wird dann eigentlich wieder ans Universum abgegeben. Warum? Weil das Universum so kalt ist. Also: Sonnenlicht macht die Erde warm, die Wärme wird ans frierende Universum abgestrahlt, so weit, so gut. Zwischen dem Universum und der Erdoberfläche ist aber die? Genau, die Atmosphäre. Und da gibt es nun Gase, die Teile der Wärmestrahlung absorbieren, sodass die absorbierte Energie nicht komplett ins Universum abgestrahlt wird, sondern im Erde-Atmosphären-System drinbleibt. Also kein Wintermantel für das Universum, nur ein leichtes Jäckchen.

Weil ein Teil der Wärmestrahlung der Erde in der Atmosphäre deponiert wird, erwärmt sich diese. Wie hoch die Absorptionsfähigkeit der Atmosphäre ist, hängt nun von ihrer Zusammensetzung ab. Es gibt mehrere Gase, die diese Wärmeabstrahlung der Erdoberfläche sehr stark absorbieren, nämlich: Wasserdampf, Kohlendioxyd und Methan. Das sind Moleküle, die vibrieren. Und durch diese Vibration nicht nur viel Wärme aufnehmen können, sondern sie auch quasi unkontrolliert in alle Richtungen abgeben. Es wird dadurch noch wärmer.

Am Wasserdampf können wir nichts machen, der ist einfach da, und wenn zu viel davon da ist, dann gießt es eben wie aus Eimern und die Sache beginnt von vorn. Wenn sich der Wasserkreislauf aber einmal nicht mehr von selbst regeln möchte und wir plötzlich 100 Prozent Luftfeuchtigkeit und gleichzeitig eine große Hitze hätten, dann wäre das Ganze sowieso nicht mehr zu halten, dann wäre es vorbei, da helfen weder Schnappatmung noch Schwimmflügel.

Die Kohlendioxidemissionen könnten wir dagegen reduzieren, wenn wir wollten; stattdessen treiben wir den Kohlendioxidgehalt der Atmosphäre systematisch nach oben. Wir erzeugen und setzen etwas frei, das, wenn es nach da oben gelangt, die Wärmestrahlung der Erde immer stärker absorbiert und die ganze Chose ganz schnell wieder abgibt. Und mit dem Methan ist es genauso. Methan ist übrigens 21-mal schlimmer als CO_2, aber kommt weniger häufig in der Atmosphäre vor. Aber das kriegen wir auch noch hin …

Was also tun? Die Flatulenzen von Milchkühen (eine davon produziert jeden Tag 235 Liter Methangas) dürften eher schwer in den Griff zu kriegen sein, und auch der Reisanbau ist so eine Sache. De facto ist es ja so, dass es überall dort, wo es sumpft, also wo Wasser auf

Land liegt, »methanig« wird. Bei den Reisfeldern zum Beispiel. Aber man kann den Asiaten ja ihren Reis nicht einfach nehmen. Ohne Reis kein Preis, Nippon, Nippon. Die Europäer zu Vegetariern zu machen, das mag noch gehen. Aber die Asiaten vom Reisessen wegzubringen, das wird schwierig. Aber was unbedingt vermieden werden sollte, ist das Auftauen der Permafrostböden.

Drei Grad mehr als heute würde heißen: Sibirien taut auf. Dass das schon passiert, merken Sie daran, dass die Firma xxx (der Hauptsponsor von Schalke) 150 000 Kühlstäbe in die sibirische Tundra hineinschiebt. Denn eine auftauende Tundra bedeutet, dass denen die dicken Raffinerien aus dem Gleichgewicht geraten und die Pipelines, die in den Permafrostboden hineinfundamentiert worden sind, jetzt auch langsam sagen: Da ist ja gar kein Fundament mehr da, dann will ich auch nicht länger Pipeline sein. Ob die Russen nun damit Geld in die Tundra und möglicherweise auch in die Taiga setzen, ist mir ja egal. Die Schalker finden schon einen neuen Sponsor. Aber das ganze Methan, das durch das Auftauen freigesetzt wird, das versaut die Bilanz richtig. Und zwar für die ganze Welt.

Außerdem ist das wirklich eine Lösung, dass wir nun alle wie wild Kühlelemente horten, die wir bei jedem Spaziergang in den Boden rammen, um die Erde etwas abzukühlen? Abgesehen davon, dass die ja nun auch erst gekühlt werden müssen. Und was setzen die Kühlschränke frei? Eben. Das kann es wirklich nicht sein.

Der Kaffee ist fertig

Solarthermie

Solarthermie, das ist die Kunst des Wasserheißmachens mit Sonnenlicht. Also eigentlich ist das ja ganz einfach: In 150 Millionen Kilometer Entfernung von uns, also acht Lichtminuten weg, gibt es einen G-Stern, einen Kernfusionsreaktor, den wir Sonne nennen. Und der macht das. Der macht genau das, was wir brauchen. Der setzt nämlich Energie frei und um. Und zwar so viel Energie, dass wir eigentlich auf der Erde übervoll sein müssten mit Energie und alles, aber bloß keine Energieprobleme haben dürften. Aber dafür müsste es uns gelingen, diese Sonnenenergie zum Beispiel in elektrische Energie oder auch in warmes Wasser umzusetzen.

Elektrische Energie wäre: Das Sonnenlicht fällt auf eine Oberfläche. Daraus kann man direkt Strom machen, das ist die Photovoltaik. Solarthermie macht es nun etwas einfacher: Denn sie braucht eigentlich nur einen Spiegel – das kennen Sie doch von früher. Mit der Lupe? Ja. Doch. Wo die Lupe das Sonnenlicht fokussierte, fing das Zeitungspapier an zu brennen? Genauso funktioniert's. Man nimmt einfach große Spiegel und diese Spiegel fokussieren das Sonnenlicht auf einer Röhre, und in dieser Röhre ist zum Beispiel thermisches Öl. Das kann man auf vier-, fünfhundert Grad aufheizen und dann jagt das Öl durch dieses Rohr. Über einen Wärmetauscher gibt das Öl Wärme an Wasser ab, das Wasser wird heiß, knallt über die Turbine – und macht elektrischen Strom.

Das ist zwar indirekt, aber unglaublich interessant: Die Spiegelvariante ist nämlich viel einfacher als eine Photovoltaikzelle. Für die Photozelle braucht man viel empfindlicheres Material. Außerdem kann man Spiegel überall hinstellen, ohne Probleme. Man muss einfach nur das Öl heiß machen, das Öl macht das Wasser heiß und das lässt die Turbinen heiß laufen und dann nix wie weg mit dem elektrischen Strom. Und wenn man das ernst nimmt, dann ist Solarthermie wirklich eine unglaubliche Geschichte.

Geschüttelt, nicht gerührt

Sonnenwind

Was soll man über den Sonnenwind sagen?

Der Sonnenwind, das ist der Wind der Sonne, das sagt ja schon der Name. Aber warum will der Wind von der Sonne weg? Nun, er kann gar nicht anders.

Die Sonne ist eine Gaskugel mit einer Oberflächentemperatur von knapp 6000 Grad. Und sie rotiert. Und wie das so ist, wenn man mal ins Rotieren kommt: Da gibt es immer ein bisschen Schwund. Das, was dabei von der Sonne weggeschleudert wird, ist ein Strom von Protonen und Elektronen, der mit einer Geschwindigkeit von 400 bis 600 Kilometern pro Sekunde von der Sonne zur Erde braust. Die Entfernung von 150 Millionen Kilometern legt der Sonnenwind dabei in schlappen acht Lichtminuten zurück.

Und? Trifft er uns? Da ist zum Glück das Magnetfeld der Erde vor, das den Sonnenwind ablenkt und dabei Nord- und Südlichter erzeugt. Wieso? Nun, der Sonnenwind schüttelt gewissermaßen am Magnetfeld der Erde. Und geschüttelte – nicht gerührte – Magnetfelder führen zu elektrischen Strömen. Das heißt, wenn der Sonnenwind mit seinen paar hundert Kilometern pro Sekunde am Magnetfeld der Erde schüttelt, dann werden dabei elektrische Ströme induziert. Diese Ströme laufen nun entlang der magnetischen Feldlinien der Erde wohin? Direkt zum Verbraucher. Und der ist in diesem Fall die Hochatmosphäre über den Polen, die sich gleich so über den Besuch freut, dass sie zu leuchten anfängt. *Aurora borealis* und *Aurora australis* heißt dieses Phänomen, das den Himmel in grünen und roten Farbbändern erglühen lässt. Für die Wikinger war das übrigens einst ein Zeichen, dass die Walküren mal wieder unterwegs waren, auf der Suche nach tapferen Kriegern, die Manns genug wären, mit Odin höchstselbst zu Abend zu speisen. Und wie sie da so über den Himmel walküren, spiegelt sich der Mondenschein in ihren glänzenden Gewändern. Schön, nicht?

Aber nicht nur. Es kann sogar sehr gefährlich sein, solche Nord- und Südlichter zu betrachten. Nicht nur, weil man die ganze Zeit fasziniert mit dem Kopf im Nacken nach oben starrt und so eine unangenehme Genickstarre riskiert. Wenn man sich nämlich in Alaska, in Fairbanks etwa, zum ersten Mal in seinem Leben Nordlichter anschaut und stößt dabei versehentlich gegen eine Elchkuh, dann kann das außerordentlich dramatische Konsequenzen haben. Ist alles schon vorgekommen. Also seien Sie bloß vorsichtig und prüfen Sie bitte vorher, ob irgendwo eine Kuh herumsteht.

Schöne Sauerei

Io-Mond

Io. Nicht »Jou« im Sinne von »Jawoll«. Einfach nur I-O. Kennen Sie nicht? Nun, das ist einer der vier galileischen Monde mit so klingenden Namen wie Ganymed, Kallisto, Europa und eben Io. Kennen Sie auch nicht? Na, Sie machen mir Spaß.

Dabei ist Io einer der Monde, die mit bewiesen haben, dass sich nicht alles um die Erde dreht. Die galileischen Monde drehen sich nämlich um den Jupiter. Io ist der »vulkanischste« Körper unseres Sonnensystems und er ist von allen Monden und Planeten am aktivsten.

Woher das kommt? Nun, das hat mit der Nähe des großen Jupiters zu tun. Io ist der innerste der vier Monde des Planeten. Und da der Jupiter ja 317-mal so schwer ist wie die Erde, übt er eine unglaubliche Gezeitenkraft auf seine Monde aus. Diese Gezeitenkraft führt nun dazu, dass das Innere des Mondes Io quasi ständig durchgeknetet wird. Deshalb ist das Innere des Mondes heute noch glutflüssig und spritzt regelmäßig durch sämtliche Poren heraus, die sich an seiner Oberfläche auftun. Schöne Sauerei! Das Zeug schießt mit großer Geschwindigkeit heraus – und fällt wieder herunter. Und weil da keiner aufräumt, ist Io gelb. Nicht gelb vor Neid, aber gelb vor Schwefel.

Manchmal kann aber doch ein bisschen Material, das aus dem Io herausgeschossen ist, entlang der magnetischen Feldlinien hin zum Jupiter fließen. Der Jupiter hat nämlich ein gewaltiges Magnetfeld und der kleine Mond Io dreht sich durch diesen magnetischen Schirm des Jupiters. Und manchmal, wie gesagt, kann gelbes Zeug vom Io, das ziemlich schnell ist, sich entlang der magnetischen Feldlinien hin zum Jupiter bewegen, donnert auf dessen obere atmosphärische Schichten und macht dort Nordlichter.

Leider gibt es keine Lebewesen auf Io – wenn doch, würden die einen grandiosen Himmel sehen. Andererseits, stellen Sie sich mal vor, auf so einem kleinen Mond zu leben, und der Planet, den Sie umkreisen, ist so riesig, dass er den ganzen Himmel ausfüllt – grauenhaft.

Kosmischer Durchlauferhitzer

Leben

Was ist Leben? Was unterscheidet Leben von Nichtleben?

Das ist natürlich außerordentlich schwierig zu beantworten, aber man kann ja mal so ein paar Sachen mitteilen. Leben muss etwas tun, was Nichtleben nicht tun kann. Und das ist erst mal eine wichtige Definition.

Was haben wir dann da alles? Zum Beispiel: Es kann sich reproduzieren. Na, würde man dann sagen, Flammen, die können sich ja auch reproduzieren und vervielfältigen. Das ist also wohl nicht ganz allein das Entscheidende.

Stoffaustausch mit der Umwelt? Ja, aber auch das Feuer hat einen Stoffaustausch, indem es zum Beispiel Sauerstoff verbrennt.

Wie ist es mit der Auswahl von bestimmten Stoffen? Einem bestimmten Stoffwechsel?

Also kurzum: Als Physiker habe ich es ganz einfach. Für mich ist Leben ein dissipatives Nichtgleichgewichtssystem. Damit ist doch eigentlich alles erklärt, oder?

Dissipation heißt Zerstreuung, es wird Energie verstreut; Nichtgleichgewicht heißt, es ist eben nicht im Gleichgewicht mit seiner Umgebung. Das Leben muss

Energie aufnehmen und diese auch wieder abgeben können.

Ein Lebewesen ist gewissermaßen etwas, das in einem Energiestrom sitzt. Also eine Art kosmischer Durchlauferhitzer. Es bekommt Wärme von außen, verarbeitet, dissipiert sie und gibt Teile davon wieder ab – in Form von Abfällen. Kurzum: Sie haben gerade gemerkt, die Katze schleicht hier um den heißen Brei herum. Leben ist nicht einfach zu definieren.

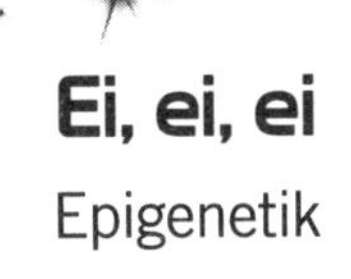

Ei, ei, ei

Epigenetik

Also, die Epigenetik beschreibt sozusagen etwas *nach* der Genetik. Ich will es mal so aufbauen, ganz mechanisch: Nehmen wir einmal an, ein Lebewesen sei so etwas wie ein Motor. Der besteht aus einzelnen Teilen, die in irgendeiner Weise miteinander verbunden sind und gemeinsam die Funktion des Motors überhaupt erst erzeugen. Gene sind in diesem Sinne die Einzelteile des Lebewesens, die in einer gemeinsamen Funktionsweise das Lebewesen erst zum richtigen Lebewesen machen. Und das gilt praktisch für alle Ebenen des Lebewesens. Vor allen Dingen auf der Ebene der Zellen, da gilt das ganz besonders.

Die Epigenetik beschreibt nun, wie diese einzelnen Teile, nämlich die Gene, miteinander in Wechselwirkung treten und – jetzt kommt's, jetzt passen Sie mal auf, denn jetzt wird's richtig interessant! Da war ich wirklich überrascht – da zeigt sich, dass äußere Einflüsse nicht auf die Gene Einfluss nehmen, also auf den Aufbau der einzelnen Teile des Motors, auf so was wie 'nen Kolben, 'nen Zylinder, Vergaser oder sonst irgendetwas, sondern auf die Funktionsweise der Gene untereinander.

Die äußeren Einflüsse können die Funktions- und Wirkungsweise des Motors dramatisch verändern. Sowohl die Leistungskraft als auch den dynamischen Bereich, in dem zum Beispiel so ein Motor laufen kann. Es ist nicht nur das Erbgut, also die Teile allein, sondern die Epigenetik beschreibt, was die Teile im Laufe ihres Lebens so erleben.

Aber das ist natürlich nicht die vollständige Beschreibung dessen, was die Epigenetik alles leistet, sondern nur ein kleiner Eindruck davon – aber von dem bin ich außerordentlich beeindruckt. Eieieiei.

In guten wie in schlechten Tagen

Biorhythmus

Ist das heute ein guter oder ein schlechter Tag für Sie? Oder war der gestrige vielleicht ein schlechter und der morgige wird vielleicht ein viel besserer?

Wenn Sie Gründe dafür suchen, warum der eine nun so und der andere anders war, werden Sie vielleicht auf Ihren Biorhythmus verweisen. Der soll sich ja sogar berechnen lassen, weil er wie eine Sinuskurve in festgelegten Perioden schwingt. Je nachdem, wann die nun ihren Hochpunkt hat oder die Nullachse kreuzt, soll es kritische und positive Tage geben.

Sie können also im Grunde nichts dafür, wenn Sie mal einen schlechten Tag erwischt haben, alles nur eine Frage der Kurvendiskussion. Doch Vorsicht! Bevor Sie diese Erkenntnis nun freudig in das nächste Streitgespräch in der Beziehung oder der Arbeit einfließen lassen: Sie stimmt nicht!

Natürlich sind wir rhythmische Wesen und haben Rhythmen in uns. Aber mit bio ist da nichts. Der Biorhythmus ist nur ein Mythos, nichts davon ist bewiesen. Zwar gibt es Modelle, die uns glauben machen wollen, es gebe einen körperlichen, einen emotionalen – also alles, was mit unseren Gefühlen zu tun hat – und einen geistigen Rhythmus. Aber die Wahrscheinlichkeit, dass dies Ihnen schlechte oder gute Tage bereitet, ist in etwa so groß wie die Begegnung mit einem steppenden Bären oder rockenden Mopp, obwohl es die ja Gerüchten zufolge auch geben soll, mit oder ohne Rhythmus.

Unser Leben wird vielmehr dadurch gestaltet, dass sich die Dinge um uns herum verändern. Also dass die Sonne zum Beispiel aufgeht und wieder untergeht. Wir haben einen Tag-Nacht-Rhythmus in uns drin, aber wir haben keinen Biorhythmus, der uns als besonderes Biosystem in irgendeiner Art und Weise auszeichnen würde. Gar nix.

Ob Ihr Tag gut oder schlecht wird, hängt ja nicht nur von Ihnen alleine ab, sondern auch von Ihrer Umgebung – und zwar nicht im Sinne einer natürlichen Umgebung, sondern von dem, was mit Ihnen passiert. Und manchmal ist es ja auch so, dass der heutige Tag, also Ihr Zustand heute, vom gestrigen abhängt. Da gibt es ja Tage, die ziehen sich durchaus länger hin. Das heißt, man hat einfach später angefangen, sich zu erholen. Und auf diese Art und Weise werden die Tage dann möglicherweise nicht so gut.

Andere gute Tage wiederum hängen davon ab, dass man irgendjemanden gefunden oder gesehen hat und dann denkt: »Hey ...« Und auch auf diese Art und Weise entsteht das Gefühl, man hätte gute oder schlechte Tage.

Aber mit dem Biorhythmus hat das überhaupt nichts zu tun.

Das Tagwerk der Taschenmäuse

Schlaf

Es ist ja erst kürzlich bekannt geworden, dass auch Außerirdische schlafen. In einer groß angelegten Untersuchung hat man das herausgefunden, die sich im Kern um die Frage drehte, warum Außerirdische ständig an uns vorbeifliegen, anstatt hier zu landen. Und dafür kann es nur eine einzige vernünftige Erklärung geben: Die verschlafen uns! Wir liegen offenbar in der Mitte einer intergalaktischen Umgehungsstraße, und die Herrschaften pennen immer, wenn sie an uns vorbeirauschen. So wie unsereiner eben auch pennt, wenn er von Europa nach Japan fliegt. Irgendwann schläft man da einfach ein. Spätestens über Sibirien, da gibt es ja auch nix zu gucken. Und wer weiß, vielleicht werden wir in den Hochglanzprospekten der Außerirdischen als das kosmische Sibirien abgetan, und die UFOdessen fordern die Reisenden auf, diese Gelegenheit doch bitte zu ergreifen und etwas zu ruhen. Tja. Und dann verschlafen die uns.

Warum die Außerirdischen schlafen, das ist eine Frage, die momentan noch unbeantwortet bleiben muss. Die Wissenschaft weiß ja nicht einmal, warum wir Menschen schlafen. Oder die Tiere. Aber alle tun es. Taschenmäuse pennen zwanzig Stunden, Fruchtfliegen zehn (und das sogar ohne Augenlider) und wir Menschen so zwischen sechs und achtzehn Stunden, je nach Alter und Grad der senilen Bettflucht.

Es gibt übrigens auch Leute, die sehen so aus, als würden sie im Wachen schlafen. Das sind die mit dem berühmten Schlafzimmerblick. Denen hängen die Augen so dermaßen auf halb acht, dass man denkt, die sind gar nicht da. Lassen Sie sich nicht täuschen, der oder die ist voll da. Dann gibt es noch Leute, die so sprechen, als würden sie auch im Wachen schnarchen. Und natürlich die, die schlafen wie Maschinen. Die legen sich ins Bett, schlafen ein und am nächsten Morgen wachen sie auf und haben sich nicht einen Millimeter bewegt. Andere wiederum kämpfen nachts, dass es nur so rappelt. Was da wirklich passiert, weiß keiner so genau. Aber es ist offenbar so, dass ein Teil von uns – ich trau mich gar nicht, es so zu nennen, die Seele vielleicht? Heinrich Böll hat sich einer solchen Bezeichnungsproblematik ja gerne entledigt, indem er Gott ersetzt hat durch »jenes höhere Wesen, das wir verehren« –, jedenfalls schlägt sich nachts ein nicht weiter benannt werdender Teil unserer Persönlichkeit mit dem herum, was wir tagsüber erlebt haben. Oder gerne erlebt hätten. Oder nie, nie, nie in unserem Leben erleben wollen.

Aber aus der Nummer kommen wir nicht so einfach raus. Wir *müssen* schlafen (früher oder später trifft es jeden) und wir müssen auch träumen. Und das tun wir im »paradoxen Schlaf«, während dessen so ziemlich alles aktiviert ist, nur nicht die Muskulatur. Sonst würden Sie ja sofort Ihre Träume eins zu eins nachspielen, und wer weiß, in welchem Zustand Sie dann am nächsten Morgen aus dem Bett kriechen würden, wenn Sie überhaupt noch kriechen könnten.

Aber was könnte ein guter Grund sein, zu schlafen? Körperliche Erschöpfung? Klar. Geistige Erschöpfung? Auch klar. Und trotzdem sind selbst die, die nicht erschöpft sind, irgendwann mal müde. Bemerkenswert ist übrigens, dass viele Menschen denken, ihr Tagwerk sei sehr viel wichtiger als ihr Nachtwerk. Dabei ist Schlaf mindestens ebenso wichtig wie das aktive Dasein am Tage.

Ohne Schlaf ist alles nichts.

Waschen und legen

Kyffhäuser

Eines der wenigen Wörter unserer Sprache, die das Ypsilon verwenden! Die Schreibweise mit I, also Kiffhäuser, hat sich nicht durchsetzen können. Aber gegeben hat es sie. Historisch.

Der Kyffhäuser ist ein Bergrücken am Südrand des Harzes, fast genau an der Grenze zwischen Sachsen-Anhalt und Thüringen. Die höchste Erhebung ist 473

Meter hoch, das Ding, also der ganze Bergrücken ist 19 Kilometer lang und sieben Kilometer breit.

Warum ich Ihnen diese olle Kamelle erzähle? Ja, weil im Kyffhäuser, da sitzt Friedrich I., genannt Barbarossa, mit seinen Getreuen und wird dereinst, wenn in Deutschland mal wieder alles zusammenbricht und er endlich ausgeschlafen hat, aus dem Berge kommen und das Reich retten. Wenn er denn seinen Bart losbekommt. Das wird eine echte Herausforderung für die Friseurinnung von Sittendorf und Rottleben, das Gezausel aus dem steinernen Tisch zu schnippeln.

Sie wissen immer noch nicht, warum ich Ihnen das erzähle? Nun, in diesem Buch geht es ja um das Durchlöchern von Themen und Herausholen von Informationen. Also um eine Sache, bei der sich sogar Sagengestalten Sorgen um ihre Grabstätte machen müssten. Wenn nämlich der Kyffhäuser zusammenbricht und der Barbarossa da nicht mehr rauskommt, dann wäre ja alles umsonst gewesen. Das wollte ich Ihnen einfach mal sagen. Im Übrigen ist es schön am Kyffhäuser. Fahren Sie doch mal hin.

Von Gestern

Alter Schwede

Also eigentlich müssten die alten Schweden, allseits bekannt als unerschrockene Soldaten aus dem Dreißigjährigen Krieg, ja längst ausgestorben sein. Doch obwohl sich die Schlachtfelder zumindest aus Europa weitgehend zurückgezogen haben, erfreuen die alten Schweden sich immer noch großer Beliebtheit. Hartnäckig, wie sie nun einmal sind, tummeln sie sich im Schwedentrunk (nicht nur alt ungenießbar), im Schwedenhappen und als beliebter Schnack im niederdeutschen Sprachraum. »Alter Schwede!« – kennen Sie doch, diesen Ausruf, oder?

Um den Eintrag in dieses Buch zu rechtfertigen, sollten wir den Schweden genauer unter die Lupe nehmen: Ohne sich auf eine konkrete Person zu beziehen, benutzt man »alter Schwede« als Ausdruck des Erstaunens. Ein bedeutungsähnlicher Ausdruck wäre beispielsweise »Donnerlittchen«. Bezogen auf eine konkrete Person drückt »alter Schwede« eine nicht ganz ernst gemeinte Empörung aus. Vergleichbar mit »mein lieber Schwan« oder »Freundchen«. Auch schön: Die Redewendung »alter Schwede« wird unter Freunden im Sinne von Kumpel oder Kamerad gebraucht.

Sollte Ihnen die Redewendung allerdings in Zusammenhang mit den Worten Smaland oder Växjö zu Ohren kommen, ist Vorsicht geboten: Hier geht es um einen großen Findling aus der Eiszeit. Und so alt sind die alten Schweden, die ich meine, nun auch wieder nicht. Sie sind quasi nur von gestern: Nach dem Dreißigjährigen Krieg hatte der preußische König Friedrich Wilhelm I. nämlich bewährte und erfahrene Soldaten für sein Heer als Ausbilder anwerben lassen, die man ohne Rücksicht auf ihr tatsächliches Alter unter der Kategorie »Schweden, alte« zusammenfasste. Aber das geht jetzt zu sehr ans Eingemachte für einen Begriff, der doch nur ein wunderschöner deutscher Ausdruck ist …

Schützenfest mit Beilage

Schwein gehabt

»Schwein haben« heißt Glück haben ohne eigenes Zutun.

Aber warum jetzt Schwein? Warum nicht Huhn oder Kuh oder Schaf? Woher kommt denn diese Redensart?

Ich hab mal nachgeguckt und eigentlich nichts Vernünftiges gefunden. Nur solche Sachen wie: Bei Festen im Mittelalter wie dem Augsburger Schießfest gab es einen Trostpreis für schlechte Schützen, und das war eben ein kleines Schwein. Ein gewisser Sebastian Brant hat diesen Brauch sogar in seinem Bestseller »Das Narrenschiff« verbraten; das Buch war im 15. Jahrhundert der absolute Renner, aber außer der Bibel gab es damals ja kaum etwas zu lesen. Im »Narrenschiff« heißt es jedenfalls: »Wer schiessen will und fält des rein, der dreit die suw im ermel heim.« Muss aber eine kleine Sau gewesen sein. Wobei, die kann man natürlich besser nach Hause tragen als eine Kuh.

Warum es aber jetzt nicht heißt »Huhn gehabt«? Hm.

Eine andere Erklärung geht so: Im Süddeutschen gibt es die … also was im Norddeutschen die Asse sind, das sind im Süddeutschen die Säue. Beim Kartenspielen jetzt. Die blaue Sau ist die Pik-Sau und so weiter. Das spielt zum Beispiel beim Schafkopfen eine Rolle. Wenn nämlich beim Schafkopfen ein Sauspiel angesagt ist, muss die gerufene Sau zugegeben werden. So steht's in der Anleitung. Wie die Sau heißt, das muss man ja wissen, wenn man sie rufen soll, sonst kommt sie am Ende nicht und das wär ja blöd. Und wenn sie kommt, dann erschrickt sie sich vielleicht auf der Stelle, wenn man zu ihr sagt, man müsse sie jetzt zugeben. Da sieht sich die Sau doch gleich im Kochtopf.

Nein, so richtig klar wird die Sache damit auch nicht.

Schwein haben, egal wo's herkommt und wer's erfunden hat, heißt: Glück haben; ohne dass man irgendetwas dazu beigetragen hat. Mit anderen Worten: Man wartet einfach nur darauf, dass der Glücksstrahl einen trifft. Was ich schön daran finde: Schwein haben, das gilt auch für Vegetarier.

Gib Zucker, Baby

Stevia

Stevia ... ja, ich würde fast sagen, Stevia, das ist die Übersüße. *Stevia rebaudiana,* so heißt sie mit Vor- und Nachnamen, ist eine Pflanze aus dem brasilianisch-paraguyanischen Grenzgebiet. Also da, wo früher eigentlich so gut wie niemand war – außer den Indianern. Und dann hat man die mitsamt der Pflanze irgendwann entdeckt und herausgefunden, also nach der Entdeckung, Mann, die ist ja wahnsinnig süß. Und plötzlich war sie da, die Geschichte mit der 300fachen Süßkraft. Und die Indianer waren fast weg. Aber das ist eine andere Geschichte.

300fach! Das müssen Sie sich mal vorstellen. 300-mal süßer als Zucker, das freut den Zahnarzt. Wenn Sie beim Kuchenbacken 300 Gramm Zucker zugeben, machen Sie von der Stevia gerade mal so ein paar Tropfen dran und schon haben Sie die gleiche Süßkraft. Im Laufe der Jahrzehnte hat man versucht, das industriell zu nutzen und zu verwenden. Inzwischen gibt es zum Beispiel mehr als 20 Patente, die eine Firma hat, deren Namen ich jetzt hier nicht nennen kann, die aber trotzdem bekannt ist, weil sie für ein dunkles Getränk mit Kohlensäure, das es schon lange gibt – es ist nicht die eine, sondern die andere, also die eine, die auch verschiedene Getränke von dieser Sorte hat (so etwas nennt man Leitvariante, aber das nur nebenbei) –, also die hat's mit Stevia.

Dass man irgendwann mal so etwas Süßes brauchen kann, das konnte man sich früher gar nicht vorstellen. Aber dann hat man herausgefunden, dass es gar nicht so ungesund ist. Stevia ist sogar für Diabetiker geeignet. Ja, die können sich dann zwischendurch mal was Süßes gönnen. Das ist ja auch nicht schlecht. Gegen Übergewicht, Bluthochdruck, Sodbrennen und Plaque soll es übrigens auch noch helfen.

Da hört man doch gleich ganze Generationen von Kindern krähen, Mama, bring mir mal die Zuckerdose, ich muss Zähne putzen.

Was man nicht alles so im Grenzgebiet zwischen Paraguay und Brasilien findet. Hätten Sie jetzt nicht gedacht. Da sollte man mal weitersuchen.

Damit Sie auch morgen noch kraftvoll zubeißen können

Zirkon

Das Zeug ist hart und alt. Aber bevor Sie sich jetzt fragen, warum ich über den traurigen Inhalt Ihres Brotkorbs rede, denn das tue ich eigentlich gar nicht – wobei Zirkon in gewisser Weise schon etwas mit einer harten Brotkante zu tun haben kann –, denn einmal kräftig zugebissen, am Morgen oder am Abend (Sie können das übrigens auch mit einem Apfel ausprobieren) … aber ich schweife ab.

In erster Linie baut Zirkon Mineralien auf. Es ist ein wichtiger Teil der Erdkruste und eines der häufigsten Minerale derselben, und aufgrund seiner Härte verrät uns Zirkon etwas aus einer Zeit, von der sonst überhaupt nichts übrig geblieben ist. Nämlich von den Anfängen der Erde. Die ältesten Mineralien auf der Erde sind Zirkonkristalle, die über vier Milliarden Jahre alt sind. Es gibt inzwischen sogar erste Hinweise auf Zirkone, die sogar 4,4 Milliarden Jahre auf dem Buckel haben. Das würde bedeuten: Kurz nachdem die Erde sich gebildet hat, ist durch die magmatischen Vorgänge, also vulkanisches Aufschmelzen und Auftreiben an die Oberfläche, Zirkon an die Oberfläche gekommen – und dieses Zeug ist immer noch da.

Und da, wo es gefunden wird, erhält man Hinweise darauf, wie die Konvektionsbewegungen in der frühen Erde gewesen sind, man weiß ja heute nichts mehr darüber, wie die Kontinente damals gewesen sind, möglicherweise gab es noch gar keine richtigen, sondern nur ozeanischen Boden.

All das verrät uns ein Mineral, das aufgrund seiner Härte ganz, ganz wenig beschädigt wird durch Bewegungen im Erdmantel beziehungsweise der Erdkruste. Natürlich hat die Härte dieses Materials sofort auch nach industrieller Nutzbarkeit gerufen, zum Beispiel wenn es darum geht, etwas richtig einzulagern. Plutonium etwa wird gerne in Zirkon eingelagert, und, Sie werden es nicht glauben, Sie haben es teilweise sogar in Ihrem Mund.

Es wird nämlich benutzt für Zahnersatz – also alte Härte in unseren Zähnen. Denken Sie mal dran, bevor Sie das nächste Mal wieder kraftvoll zubeißen.

Der Himmel über der Ruhr

Stahl

Stahl ist im Grunde genommen eine schöne rheinische Relativierung. Denn der Rheinländer – und der hat ja nun wirklich viel mit Stahl zu tun –, der sagt, wenn er nicht so genau weiß, was er sagen soll, aber schon mal vorgibt, dass er jetzt demnächst weiterreden will, da sagt der also etwas im Sinne von: Jaaaa, hömma, früher getzt, da waa Stahl ja noch en Theeema, ne. Da waa de Himmel übber de Ruhr noch nit blau jewesen. Getzt abba, da isser man imma so schöön blau. So 'n Stahlblau.

Wobei der geneigte Zuhörer nun natürlich einwerfen könnte: Stahlblau? Jibbet ja jaa nich.

Wo das wohl herkommt? Das mit dem Blau? Es müsste eigentlich heißen »Stahlgrau«. Aber Grau, das ist ein weites Feld in der Familie der Farben. Mausgrau, Zementgrau, Eminenzgrau, Stargrau, das Grauen ... Da kommt man mit Blau schon ein bisschen schneller zu Potte. Und um den geht es hier schließlich: Stahl gibt es seit fast 3000 Jahren. Aber genutzt wird dieses Gemisch von Eisen und Kohlenstoff in großem Stil erst seit dem 19. Jahrhundert. Da wurde Stahl gekocht, nicht nur an der Ruhr, dass es nur so rappelte. Damals war Stahl noch toll, damals war Stahl noch ein Versprechen in die Zukunft. Wir machen *alles* aus Stahl, es wird nie wieder rosten, wir können die Welt verändern und alles wird gut. Das war die Zeit, wo überall gegründet wurde (Gründerzeit), da wurde nicht gegründelt und so skeptisch am Boden herumgemacht, nein, man war überhaupt nicht skeptisch, sondern positiv bis zum Gehtnichtmehr. Es war die Zeit, in der die Wissenschaft gerade »wurde« und die Technik merkte, dass aus den Wissenschaften richtig viel rauszuholen war.

Man kann Stahl nämlich mit allem Möglichen mischen, und je mehr man dazumischt, umso besonderere Eigenschaften bekommt das Zeug. Man kann daraus Weißblech machen für die Dosen; man kann einen Stahl herstellen, der so hart ist, dass er richtig große Gebäude tragen kann. Oder gewaltige Brücken. Stahl kann jede Menge und deshalb verbrauchen wir Stahl noch und nöcher.

Und dieses nöcher bedcutet vor allen Dingen, dass wir einen Riesenbedarf haben an einem Material, das immer schwieriger aus der Erde herauszuholen ist. Eisen ist noch genug da, das gehört ja auch zu den häufigeren Elementen im Universum. Unter anderem deshalb, weil viele Sterne beim Eisen aufhören, weiter zu verbrennen. Alle Elemente, die schwerer sind als Eisen, werden in Sternen erzeugt, wenn die explodieren. Bis zum Eisen verbrennt ein Stern gewissermaßen ganz normal durch Kernfusion. Eisen ist das Ende.

Aber bei Stahl ist es sehr schwierig, das Material im Einzelnen aus der Erde herauszuholen und es auch mit den entsprechenden Legierungen zu verbessern und zu verfeinern. Die gute Nachricht ist: Man kann Stahl ganz wunderbar und komplett recyceln. Das kann man immer und immer wieder aufs Neue verwenden, ohne dass es seine Eigenschaften verliert. Und deswegen werden wir wahrscheinlich auch in Zukunft um Stahl nicht herumkommen. Auch wenn inzwischen längst die Plastikzeit angebrochen ist.

Strahlende Gartenzwerge

Endlager

Das Ende, das heißt ja ein für alle Mal. Nach dem Ende ist wirklich Schluss, also Finito, Fine, the End. Das Ende ist kein neuer Anfang, sondern das Allerletzte, das Nie-Wieder, das Für-immer-und-Ewige.

So und genau so hätten wir es ja am liebsten: Man versenkt, verstaut, verbuddelt, verbirgt, versteckt den ganzen Dreck, den man auf der Oberfläche des Planeten niemals wieder sehen, spüren, riechen oder sonst was will, in einem Endlager. Und zwar in einem Endlager von der Sorte *Ende* (siehe oben).

Aber gibt es das? Herrschaften, das ist so ein Thema, da gerate ich innerlich in Wallung, da könnte ich toben, da schiebe ich einen Hals von hier bis Muffendorf. (Muffendorf ist übrigens ein südlicher Stadtteil von Bad Godesberg.) Eher kommen wir zu einem Ende, als dass so ein Lager gefunden würde, das, ganz unabhängig, was oben oder unten im Erdkörper passiert, als solches völlig stabil bleibt. Es dringt kein Wasser ein, keine Luft, alles bleibt, wie es ist. Das wäre mal ein astreines Endlager!

Nun gibt es ja einige Experten, die meinen, im Niedersächsischen gäbe es einige Stätten, also Lagerstätten, die diesen finalen Charakter haben. Aber wer will so was schon quasi im eigenen Vorgarten haben? Strahlend schön und für eine Ewigkeit, von der wir uns gar keine Vorstellungen machen, wie ewig die ist. Also hat man gedacht, sollen sich doch die anderen, die sich ja auch mit Ewigkeiten auskennen, damit herumschlagen, und bohrte im Grenzland zur ehemaligen DDR eine Endlagerstätte an. Dumm nur, dass das Lager ziemlich mies ist, und noch dümmer, dass in der Zwischenzeit etwas passiert ist, womit wahrscheinlich niemand auf der Welt rechnen konnte. Die Grenze verschwand. Und wir haben jetzt mitten in Deutschland ein Endlager. Ich hasse Asse!

Manche Abfälle brauchen ja nur wenige Jahrzehnte, um als harmloser Dreck harmlos in der Tonne vor sich hin zu gammeln. Andere Abfälle, vor allem die von den Atomkraftwerken, die brauchen viel länger, die brauchen ja ein paar Millionen Jahre, bis die endlich wieder harmlos werden! Das ist eine ganz andere Kiste als bei Ihrem Komposthaufen im Garten, wo sich der Regenwurm und im nächsten Jahr Ihre Rosen freuen. Bei atomaren Abfällen dürfte es mit der guten Nachbarschaft in der Schrebergartensiedlung schnell vorbei sein. Selbst wenn Sie mit strahlenden Gartenzwergen auf die Gefahren hinweisen.

Und im Laufe von so ein paar Millionen Jahren kann sich ja allerhand verändern. Denken Sie nur daran, dass die Geschwindigkeit, mit der sich die Kontinentalplatten bewegen, die gleiche Geschwindigkeit ist, mit der Ihre Fingernägel wachsen. Also, was heute noch ein Endlager ist, ist morgen möglicherweise schon gar keins mehr. Vom Ende kann da gar nicht die Rede sein.

Deswegen mein Aufruf an alle Ministerpräsidenten: Wenn Sie mal wieder etwas haben, das Sie unter den Teppich kehren möchten, schieben Sie's nicht einfach an die Grenze. Öffnen Sie's, gucken Sie rein und sagen Sie den Leuten die Wahrheit. Aber schieben Sie's nicht irgendwohin. Man weiß nie, was passiert. Und außerdem trifft man sich ja immer zweimal. Gerade beim Endlager wäre das aber eine Katastrophe.

Sind Sie ein Mann oder eine Frau?

Lügendetektor

Ja bitte? Natürlich könnte ich etwas sagen. Ich könnte sogar etwas erzählen.

Ich könnte aber auch lügen.

Also vor allen Dingen, wenn es um Lügendetektoren geht, kann man ja eigentlich am besten nur lügen. Weil, nur dann schlägt er aus, der Lügendetektor.

Was das ist, wissen Sie natürlich, Sie haben ja schon unzählige amerikanische Filme gesehen, in denen Männer und Frauen in irgendwelchen Sesseln sitzen und mit Elektroden versorgt sind und dann kriegen sie Fragen gestellt wie: »Ist eins und eins zwei?« oder »Sind Sie ein Mann oder eine Frau?« oder »Sind Sie Links- oder Rechtshänder oder was sind Sie überhaupt?«

Und dann schlagen irgendwelche Nadeln aus, die über ein rollendes Papierband kratzen – und dann weiß man, der hat gelogen. Denn *sie* lügt natürlich nicht, ist ja klar. Es sind immer die Lügner. Es gibt so gut wie keine Lügnerinnen. Ist ja eigentlich klar, schließlich gibt es keine Lügendetektorinnen, sondern eben nur Lügendetektoren.

Aber wie man das eigentlich wirklich zusammenkriegt, diese Ausschläge, die ja nichts anderes sind als ein Ausdruck für physiologische Veränderungen – Spannung der Haut, Temperatur und so weiter –, wie man das zusammenkriegt mit der Wahrheit beziehungsweise der Unwahrheit, das ist heiß umstritten. Es gibt zwar einige Länder, in denen diese Lügendetektorentests anerkannt sind, aber bei uns in Deutschland sind sie's nicht. Gott sei Dank! Denn im Grunde genommen müsste man auf einen ganz alten Spruch zurückkommen: »Alle Lügendetektoren lügen«, sagte ein Lügendetektor mit sehr kurzen Beinen.

Wer nichts wird, wird Wirt

Parasiten

Parasiten sind Schmarotzer. Eigentlich bedeutet der Begriff: Der neben dem Tisch sitzt und isst. Also nicht der, der beim nächsten Geschäftsessen neben Ihnen sitzt, sondern grundsätzlich jeder, der neben dem Tisch sitzt. Alles Parasiten, überall. Aber landläufig verwenden wir den Begriff natürlich nicht mehr eins zu eins für Tischnachbarn, sondern eher im übertragenen Sinne.

Parasiten verkörpern ein äußerst cleveres Erfolgsrezept der Evolution: Wie kann ich ein System ausnutzen, ohne es gleich zu beschädigen oder komplett zu zerstören? Parasiten sitzen in Lebewesen drin und benutzen diesen Wirt, um ihn systematisch auszubeuten.

Aber niemals so stark, dass der sozusagen gleich den Löffel abgibt. Das sieht ja auch nicht aus, so eine festlich gedeckte Tafel, an die sich der Parasit setzen will, und da fehlt plötzlich der Löffel.

Nein, er macht das einfach so, dass es immer weitergeht. Ein Parasit versucht also, das Optimum zu erreichen.

Ein wahnsinnig interessanter Parasit ist zum Beispiel der Kuckuck. Der betreibt den sogenannten Brutparasitismus. Das heißt, er schmeißt das Ei eines anderen Vogels aus dessen Nest raus, setzt sein eigenes da rein und lässt sein Ei nicht nur ausbrüten von diesem anderen Vogel, sondern seine Brut auch gleich noch von ihm aufziehen. Der Kuckuck benutzt quasi die anderen dazu, seine Nachkommenschaft auf den rechten Weg zu bringen. Das ist perfekt.

Und so gibt es eine ganze Reihe von Parasiten im Tierreich, aber auch im Pflanzenreich, und was sich dabei ergibt, ist eine außerordentlich interessante Zusammenarbeit, die sich immer wieder aufs Neue bewährt. Die Parasiten lernen von ihren Wirten, die Wirte lernen aber auch von den Parasiten – nämlich mit ihnen zu leben.

Parasitismus ist also eine ganz besondere Form des Zusammenseins.

Invasion der Geisterfische

Schwarm

Schwarm. Schwarmverhalten. Wenn man das Wort »Schwarm« hört, denkt man doch erst mal an den Roman. Oder an pubertierende Mädchen, die reihenweise in Ohnmacht fallen, wenn der Angebetete ihnen zuwinkt. Wobei das schon in die richtige Richtung geht. Weil, sie fallen ja nicht allein um, sondern gleich alle.

Wenn Sie jetzt gerade niemand Pubertierenden zur Hand haben, der Ihnen zeigt, was Schwarmverhalten ist, dann fahren Sie doch mal nach Rom. Und schauen abends von der Tiberbrücke Richtung Hadriansgrab. Dann werden Sie mit ziemlicher Sicherheit einen riesigen dunklen Schwarm am Himmel sehen und sofort denken: Huch, um Gottes willen, die Außerirdischen kommen.

Sollten Sie das ernsthaft glauben, ist Ihnen leider nicht mehr zu helfen! Das sind doch keine Außerirdischen, Mensch! Sondern nur ein Schwarm von Staren. Die bewegen sich in einem Affenzahn am Himmel hin und her, machen alle möglichen Figuren, teilweise sogar richtig florale Muster und man fragt sich: Wie kommt denn so etwas zustande? Genauso ist es mit Fischschwärmen. Wie kann es sein, dass Abertausende Fische wie von Geisterhand bewegt zusammenbleiben?

Gibt es da eine Zentrale, die das alles regelt? Und jeden Störer gleich meldet? Houston, wir haben ein Problem! Der Hering rechts außen schert aus! Oder nach welchen Gesetzen funktioniert ein solches Schwarmverhalten?

Nun, es gibt ganz einfache Regeln. Zum Beispiel: Bleib möglichst nah dran an den anderen, ohne die anderen zu berühren. Bewege dich weg, wenn die anderen sich auf dich zubewegen. Aber bleib immer schön in der Nähe und versuche, möglichst so auszusehen wie die anderen.

O.k., ich gebe zu, diese Erklärung hat jetzt schon etwas von: Das Wetter wird heute ungefähr so wie morgen. Also so ungefähr. Die Schwarmregeln sind relativ einfach für jeden einzelnen Teilnehmer im Schwarm zu begreifen; und wer nicht hören will, der muss eben fühlen und kriegt sofort eine Randposition zugewiesen. Wenn er Pech hat, wird er dann recht schnell gefressen, und schon ist wieder Ruhe im Schwarm, der sogleich erneut dieses bemerkenswert kollektive Verhalten zeigt.

Von außen betrachtet hat man den Eindruck, es gebe einen Regisseur, der das Ganze komplett dirigiert und allen Teilnehmern vorgibt, wie sie sich zu verhalten haben. Dabei ist hier gar keine geheimnisvolle Macht am Werk, die Fische befolgen einfach nur ganz klare Regeln. Und zwar alle. Also ganz anders als zum Beispiel bei uns im Straßenverkehr. Deswegen kommt es da auch nie zum Schwarmverhalten, sondern meistens zum Stauverhalten.

Der Fisch in uns

Omega-3-Fettsäuren

Versuchen Sie's erst gar nicht, Omega-3-Fettsäuren kann man nicht herstellen. Also, Sie selbst können das nicht. Deshalb nennt man sie ja auch essentiell. Also nicht Sie jetzt, sondern diese Fettsäuren. Wir können sie nicht selbst herstellen, da beißt die Maus keinen Faden ab, sondern müssen sie durch Nahrung aufnehmen.

Bei den Omega-3-Fettsäuren handelt es sich um eine Aneinanderreihung von Kohlenstoffatomen in einer ganz besonderen Konfiguration. Und wenn man die zu sich nimmt, dann tut sie einem gut. Und das kann man schließlich nicht von allen Aneinanderreihungen behaupten. Denken Sie mal an Ihr letztes 5-Gänge-Menü. Eben. So etwas kann einem wirklich schwer im Magen liegen.

So. Das erst mal vorab. Die Omega-3-Fettsäuren sind etwas, das – wenn man ein bisschen recherchiert – den Eindruck macht, als wäre es ein Wunderstoff. Für unsere Gehirnleistung, für unsere neurologischen Zustände dort oben, offenbar sehr hilfreich. Der Wunderstoff unterstützt uns gleichzeitig im Herz-Kreislauf-Bereich. Hirn und Herz werden also von den Omega-3-Fettsäuren außerordentlich gestärkt. Man vermutet – und das ist jetzt ein ganz neues Ergebnis –, dass sogar die Altersdemenz durch die Aufnahme von Omega-3-Fettsäuren verhindert werden kann. Stellen Sie sich das mal vor! Und wo findet man diese Omega-3-Fettsäuren?

Im Fisch. Das heißt, wir Menschen hängen in einer gewissen Art und Weise von einer Form von Kohlenstoffeinheiten ab, für die wir andere Kohlenstoffeinheiten vertilgen müssen, damit wir Erstere erst aufbauen können. Das ist ein deutlicher Hinweis darauf, dass der Mensch als Teil der Geschichte der Natur, als Teil des Netzwerks der Natur zwar die Natur massiv verändert und der Meinung ist, er hätte mit der Natur gar nix zu tun, aber ohne die Natur überhaupt nicht klarkommt. Übrigens: Bei den Omega-3-Fettsäuren geht es nicht um Vitamin B, sondern um Vitamin F. Ist ja auch klar, von wegen dem Fisch und so.

Haben wir sie noch alle?

Virtuelles Wasser

Virtuelles Wasser ist das Wasser, das für den Gesamtherstellungsprozess von Produkten benötigt wird. Also, Sie kennen ja sicher alle Abwasser, altes Wasser, fossiles Wasser, Frischwasser, Salzwasser, Süßwasser … Aber nix da: Jetzt reden wir mal über das Wasser, das tatsächlich verbraucht wird. Also de facto verbraucht wird.

Und zwar nicht nur bei Ihnen zu Hause unter der

Dusche. In Deutschland liegt der tägliche Bedarf an Haushaltswasser im Schnitt bei 130 Litern pro Person. Aber jetzt kommt's: Ein Liter Apfelsaft: 900 Liter Wasser. Ja, so viel virtuelles Wasser ist tatsächlich bei der Produktion von einem Liter Apfelsaft beteiligt.

Hier noch einer, extra für Sie: Wenn Sie eine Tasse Kaffee trinken, werden 140 Liter Wasser in irgendeiner Art und Weise bei der Produktion dieser Tasse Kaffee benutzt.

Und noch einer: Ein Kilogramm Kartoffeln – 500 Liter virtuelles Wasser! Im Produktionsprozess dieser Kartoffeln stecken 500 Liter Wasser drin. Für einen Liter Frischmilch werden in Saudi-Arabien 2500 Liter Wasser verbraucht.

Ja, haben wir sie eigentlich noch alle?! Also, wenn man das ernst nehmen würde, wenn man den Import und Export von Waren auf der Welt ernst nehmen würde, dann müsste man tatsächlich darauf achten, wie viel Wasser eine Nation zum Beispiel exportiert, wenn sie irgendwelche Waren irgendwohin bringt. Baumwolle schluckt ja jede Menge virtuelles Wasser; und wo kommen die Produkte her?

Eben. Aus besonders wasserarmen Ländern. Bedenken Sie also bei der Nutzung von Waren, welche ungeheuren Mengen an Ressourcen tatsächlich notwendig sind für die Produkte, die wir heute für völlig normal und alltäglich halten. Was dahintersteckt, darauf kommt es an.

Die Gesamtnatur des Zebrastreifens

Mimikry

Das kommt jetzt nicht aus dem Französischen, von wegen »Mimi schreit«, nein, das hat was mit Mimik zu tun und mit dem Griechischen, *mimese*, Nachahmen. Da versucht jemand, sich so sehr zu verstellen, dass er quasi nicht erkannt werden kann. Es ist das perfekte Tarnungsmanöver in der Natur, sich komplett in der Gesamtnatur so zu verstecken, dass man nicht mehr erkannt werden kann. Es ist ein grandioses Verteidigungs- und Schutzspiel.

Wobei es eigentlich komisch ist. Denn Leben hat begonnen auf der Welt als etwas, das absolut nicht mimikryartig war. Sondern da wurde sich profiliert. Da wurde eine Zellwand produziert, damit man sich vom Rest der Welt irgendwie absondern konnte. Aber Mimikry führt zu einer Totalverschmelzung – im besten Fall – eines Lebewesens mit seiner kompletten Umwelt. Das ist irre. Und die Geschwindigkeit, mit der Tiere das tun können, ist außerordentlich beeindruckend. Vor allen Dingen aber scheint das Lebewesen einen Gesamteindruck von seiner direkten Umgebung zu haben.

Wenn Sie mal versuchen sollten, sich à la Mimikry in Ihrer Umwelt zu verstecken, da hätten Sie kaum eine Chance. Wir sind schon so weit weg von der Welt, dass wir uns kaum noch richtig verstecken können. Für die Tiere ist es noch möglich; nicht für alle, aber doch für viele. Und manche haben ja sogar richtige Streifen auf sich drauf – um nicht gesehen zu werden. Allerdings nicht von den anderen, sondern von ganz besonderen Tieren, die ihnen unter Umständen das Leben zur Hölle machen könnten.

Aber versuchen Sie jetzt bitte nicht, das zuhause nachzumachen. Also stellen Sie sich nicht morgens vor den Spiegel und überlegen, ob Sie einen gestreiften Pulli anziehen sollen. Quergestreift. Nach dem Motto, in der Tierwelt klappt das ja auch, mit den Streifen und dem Mimikry. Und wenn das auch für Sie zutrifft, würde Sie ja keiner mehr sehen. Kaum auf der Straße werden Sie feststellen, dass genau das Gegenteil eintritt. Dass alle Sie irgendwie anstarren.

Zebrastreifen sind übrigens kein Mimikry. Sie sind auch nicht nur für die Fußgänger da, sondern dafür, dass die Tiere nicht gestochen werden. Jaja, Tsetsefliegen, die Zebras gerne anbohren würden, landen nur ungern auf gestreiften Flächen, würden also auch nicht über den Zebrastreifen gehen. Sie können nämlich nicht sehen, wo das Zebra anfängt und wo es aufhört.

Erratum, Anhängsel, Korrektur zu Mimikry: Es gibt auch noch die Variante, dass man so tut, als ob man jemand anderes wäre, um damit die anderen zu täuschen. Das ist dann ein Täuschungsmimikry. Das sollte noch gesagt werden.

Das ist wie bei der Wurst

Ende

Zum Ende gibt es eine Frage zum Ende. Nämlich die Frage, was eigentlich ein Ende ist. Also das wirkliche Ende eines Endes. Nicht nur so ein Anfang vom Ende, sondern wirklich Ende Gelände. Ist irgendwann definitiv Schluss? Oder ist das Ende auch nur eine Täuschung? Etwas, das vorgibt, ein Ende zu sein, obwohl es gar keins ist?

Tja. Also ein Buch ist dann zu Ende, wenn das letzte Wort geschrieben ist. So wie ein Gespräch zu Ende ist, wenn das letzte Wort gesprochen ist. Obwohl ja selten das letzte Wort gesprochen ist. Es heißt schließlich nicht umsonst so schön: »Darüber ist das letzte Wort noch nicht gesprochen.« Das Ende wäre in diesem Fall aber auch das Ende vom Gespräch über das Ende von allem. Da würde gar nichts mehr kommen. Nichtsnichts. Und wie unwahrscheinlich das ist, sehen Sie ja auch an solchen Sätzen wie: »Du musst aber auch immer das letzte Wort haben!« Und sobald dieser Satz gefallen ist, ist es schon wieder vorbei mit dem Ende. Weil der, der gerade das letzte Wort haben wollte, jetzt ja noch einen draufsetzen muss. So gesehen ist das Ende eine einzige Endlosschleife. Da kommen Sie nicht raus, auch wenn Sie sich auf den Kopf stellen.

Auch die Physik hilft uns da nicht weiter. Die Physik des Endes, die gibt es nämlich gar nicht. Die Quantenmechaniker sagen zum Beispiel, es ist *nie* zu Ende, alles schwankt immer so ein bisschen. Also, um es in einem neuhochdeutschen Satz zu sagen: Irgendwas geht immer. Und in der Tat: Quantenmechanisch würde man sagen, da geht schon noch was. Ob es nun die Zeit ist oder der Raum, die Energie oder der Impuls – das ist eigentlich egal. Irgendwas schwankt immer, es ist nie null.

Das Ende von allem müsste aber wirklich das Ende von allem sein. Dann gäbe es auch niemanden mehr, der noch Fragen nach dem Ende von allem stellen würde. Aber so kann man Sie ja nicht aus diesem Buch rauslassen. Nee, nee. Das wäre ja …! Also, mit diesem Text können wir nun wirklich nicht aufhören! Nein, nein, nein. Es muss ja immer weitergehen. Selbst nach dem Ende. Und sowieso nach dem Ende dieses Buches.

Haben Sie ernsthaft gedacht, hier ist das Buch zu Ende? Haha. Nein, Blödsinn, nix da. Was könnte man noch alles erzählen! Man könnte Dinge erzählen, die es noch gar nicht gibt. Oder Dinge, die es schon mal gegeben hat, aber heute nicht mehr gibt. Lauter solche Geschichten. Aber das will ich jetzt gar nicht. Ich will nur, dass etwas Positives am Ende übrig bleibt. Also dass man sagen kann: Mensch, jawoll, das ist jetzt aber schön.

Mit dem Ende aufzuhören beim Ende eines Buches, das geht vielleicht bei Romanen, weil dann die Geschichte zu Ende ist. Weil dem Schreiberling nichts mehr einfällt. Oder alle Protagonisten tot sind. Aber hier doch nicht. So was wie das hier, das ist nie zu Ende. Niemals! Die Wissenschaft geht immer weiter. Jede neue Erkenntnis bringt mindestens zwei neue Fragen mit sich. Das sichert erstens solche Berufe wie meinen und damit unser monatliches Ein- und Auskommen. Damit unsere Familien etwas zu beißen haben, während wir zweitens an den neuen Fragen beißen. Wir machen immer weiter und weiter und finden einfach kein Ende. Ich finde jetzt auch keines, obwohl ich doch eigentlich wusste, womit ich aufhören wollte. Mit etwas Positivem. Aber es gibt ja so viele positive Sätze, da weiß man gar nicht, wo man anfangen soll. Hm. Mein Endsatz … Also der Endsatz, der hängt über meinem Schreibtisch, und ich glaube, den teile ich Ihnen jetzt mit. Weil Ende, das geht ja nun wirklich nicht!

»Der Sinn der Wissenschaft
ist ein glückliches Leben.«
Al-Gazzali

Zu danken ist den wunderbaren Kolleginnen und Kollegen der Redaktion von »Abenteuer Forschung«. Dafür, dass Ihr mich nach der Sendung doch noch mal »loslasst« und ich vor mich hin schwadronieren darf. Es macht ein riesiges Vergnügen, auch mal leicht neben der wissenschaftlichen Spur über Wissenschaft zu plaudern.

Großen Dank an die Kollegen im Studio, die mich ins richtige Licht setzen und den richtigen Ton treffen lassen. Einen darf ich nicht vergessen – Jürgen, du bist der Größte!

Ein riesiger Dank an Heike Gronemeier, für die tolle Zusammenarbeit und vor allem die gemeinsame Wellenlänge …

Alle erklärten Begriffe im Überblick